高新技术科普丛书（第3辑）

数据如海可淘金

——大数据技术及其在智慧城市的应用

主编 汪疆平

SPM 南方出版传媒
广东科技出版社 | 全国优秀出版社
·广 州·

图书在版编目（CIP）数据

数据如海可淘金：大数据技术及其在智慧城市的应用 / 汪疆平主编．—广州：广东科技出版社，2015.7（2018.10重印）
（高新技术科普丛书．第3辑）
ISBN 978-7-5359-6069-6

Ⅰ．①数…　Ⅱ．①汪…　Ⅲ．①数据处理—普及读物
Ⅳ．① TP274-39

中国版本图书馆 CIP 数据核字（2015）第 051018 号

数据如海可淘金——大数据技术及其在智慧城市的应用
Shujuruhai Ketaojin——Dashujujishu Jiqi zai Zhihuichengshi de Yingyong

---

丛书策划：崔坚志
责任编辑：林　旸　区燕宜
装帧设计：柳国雄
责任校对：黄慧怡
责任印制：林记松
出版发行：广东科技出版社
（广州市环市东路水荫路 11 号　邮政编码：510075）
http：//www.gdstp.com.cn
E-mail：gdkjyxb@gdstp.com.cn（营销中心）
E-mail：gdkjzbb@gdstp.com.cn（编务室）
经　　销：广东新华发行集团股份有限公司
印　　刷：广州市岭美彩印有限公司
（广州市荔湾区花地大道南海南工商贸易区 A 幢　邮政编码：510385）
规　　格：889mm×1 194mm　1/32　印张 5　字数 120 千
版　　次：2015 年 7 月第 1 版
2018 年 10 月第 2 次印刷
定　　价：29.80 元

《高新技术科普丛书》(第3辑)编委会

本套丛书的创作和出版由广州市科技创新委员会、广州市科技进步基金会资助，由广东省科普作家协会组织审阅。

序一
PREFACE

精彩绝伦的广州亚运会开幕式，流光溢彩、美轮美奂的广州灯光夜景，令广州一夜成名，也充分展示了广州在高新技术发展中取得的成就。这种高新科技与艺术的完美结合，在受到世界各国传媒和亚运会来宾的热烈赞扬的同时，也使广州人民倍感自豪，并唤起了公众科技创新的意识和对科技创新的关注。

广州，这座南中国最具活力的现代化城市，诞生了中国第一家免费电子邮局；拥有全国城市中位列第一的网民数量；广州的装备制造、生物医药、电子信息等高新技术产业发展迅猛。将这些高新技术知识普及给公众，以提高公众的科学素养，具有现实和深远的意义，也是我们科学工作者责无旁贷的历史使命。为此，广州市科技创新委员会与广州市科技进步基金会资助推出《高新技术科普丛书》。这又是广州一件有重大意义的科普盛事，这将为人们提供打开科学大门、了解高新技术的“金钥匙”。

丛书内容包括生物医学、电子信息以及新能源、新材料等三大板块，有《量体裁药不是梦——从基因到个体化用药》《网事真不如烟——互联网的现在与未来》《上天入地觅“新能”——新能源和可再生能源》《探“显”之旅——近代平板显示技术》《七彩霓裳新光源——LED与现代生活》以及关于干细胞、生物导弹、分子诊断、基因药物、软件、物联网、数字家庭、新材料、电动汽车等多方面的图书。

我长期从事医学科研和临床医学工作，深深了解生物医学对于今后医学发展的划时代意义，深知医学是与人文科学联系最密切的一门学科。因此，在宣传高新科技知识的同时，要注意与人文思想相结合。传播科学知识，不能视为单纯的自然科学，必须融汇人文科学的知识。这些科普图书正是秉持这样的理念，把人文科学融汇于全书的字里行间，让读者爱不释手。

丛书采用了吸收新闻元素、流行元素并予以创新的写法，充分体现了海纳百川、兼收并蓄的岭南文化特色。并按照当今“读图时代”的理念，加插了大量故事化、生活化的生动活泼的插图，把复杂的科技原理变成浅显易懂的图解，使整套丛书集科学性、通俗性、趣味性、艺术性于一体，美不胜收。

我一向认为，科技知识深奥广博，又与千家万户息息相关。因此科普工作与科研工作一样重要，唯有用科研的精神和态度来对待科普创作，才有可能出精品。用准确生动、深入浅出的形式，把深奥的科技知识和精邃的科学方法向大众传播，使大众读得懂、喜欢读，并有所感悟，这是我本人多年来一直最想做的事情之一。

我欣喜地看到，广东省科普作家协会的专家们与来自广州地区研发单位的作者们一道，在这方面成功地开创了一条科普创作新路。我衷心祝愿广州市的科普工作和科普创作不断取得更大的成就！

中国工程院院士 钟南山

序二
PREFACE

让高新科学技术星火燎原

21 世纪第二个十年伊始，广州就迎来喜事连连。广州亚运会成功举办，这是亚洲体育界的盛事；《高新技术科普丛书》面世，这是广州科普界的喜事。

改革开放 30 多年来，广州在经济、科技、文化等各方面都取得了惊人的飞跃发展，城市面貌也变得越来越美。手机、电脑、互联网、液晶电视大屏幕、风光互补路灯等高新技术产品遍布广州，让广大人民群众的生活变得越来越美好，学习和工作越来越方便；同时，也激发了人们，特别是青少年对科学的向往和对高新技术的好奇心。所有这些都使广州形成了关注科技进步的社会氛围。

然而，如果仅限于以上对高新技术产品的感性认识，那还是远远不够的。广州要在 21 世纪继续保持和发挥全国领先的作用，最重要的是要培养出在科学领域敢于突破、敢于独创的领军人才，以及在高新技术研究开发领域勇于创新的尖端人才。

那么，怎样才能培养出拔尖的优秀人才呢？我想，著名科学家爱因斯坦在他的“自传”里写的一段话就很有启发意义：“在 12 ~ 16 岁的时候，我熟悉了基础数学，包括微积分原理。这时，我幸运地接触到一些书，它们在逻辑严密性方面并不太严格，但是能够简单明了地突出基本思想。”他还明确地点出了其中的一本书：“我还幸运地从一部卓越的通俗读物（伯恩斯坦的《自然科学通俗读本》）中知道了整个自然领域里的主要成果和方法，这部著作几乎完全局限于定性的叙述，这是一部我聚精会神地阅读了的著作。”——实际上，除了爱因斯坦以外，有许多著名科学家（以至社会科学家、文学家等），也都曾满怀感激地回忆过令他们的人生轨迹指向杰出和伟大的科普图书。

由此可见，广州市科技创新委员会与广州市科技进步基金会，联袂组织奋斗在科研与开发一线的科技人员创作本专业的科普图书，并邀请广东科普作家指导创作，这对广州今后的科技创新和人才培养，是一件具有深远战略意义的大事。

这套丛书的内容涵盖电子信息、新能源、新材料以及生物医学等领域，这些学科及其产业，都是近年来广州重点发展并取得较大成就的高新科技亮点。因此这套丛书不仅将普及科学知识，宣传广州高新技术研究和开发的成就，同时也将激励科技人员去抢占更高的科技制高点，为广州今后的科技、经济、社会全面发展作出更大贡献，并进一步推动广州的科技普及和科普创作事业发展，在全社会营造出有利于科技创新的良好氛围，促进优秀科技人才的茁壮成长，为广州在 21 世纪再创高科技辉煌打下坚实的基础！

中国科学院院士 张景中

前言
FOREWORD

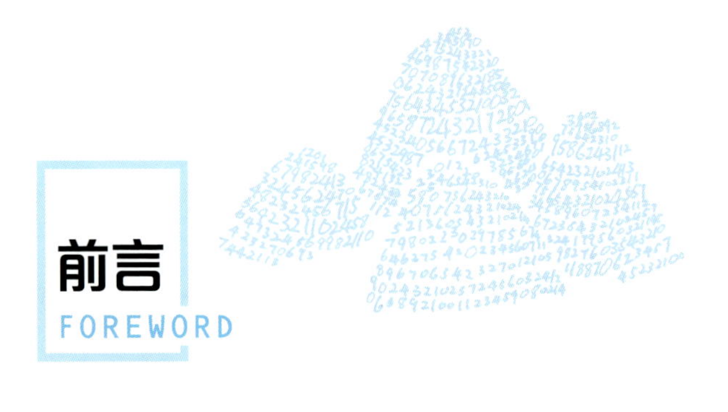

大数据已经充斥到我们生活的方方面面，衣、食、住、行、社交、教育、医疗等都已经数据化，当各方面的数据汇集在一起，就形成了大数据。分析这些大数据，我们能从中发现有价值的东西，例如：预测交通状况、探究遗传病背后的原因、获知公众事件的发展趋势……通过收集数据，深入探知事物背后的原因，改变生产生活方式，精确地预知未来的发展动态，就是大数据的价值所在。

大数据将改变整个世界的运转模式，我国在信息技术方面落后于发达国家，但是差距在不断缩小，而大数据给我国提供了一个弯道超车的机会：我国的人口基数、网络用户数量、手机用户数量等都处于世界第一，这是我们在大数据领域最大的资源优势，这个优势为我国的大数据产业快速发展奠定了重要的基石。预计在不久的将来，我国会基于大数据技术产生大量创新型的模式、应用和分析结果，从而能够屹立在大数据时代的浪头。因此，了解大数据将带来的颠覆性变革，对于我们每个人都是非常重要的，特别是对于正在学习知识的青少年，掌握大数据的应用将使我们的学习生活更明确、更高效。

物联网、云计算、大数据、移动互联等新兴技术的发展，是推动城市“智慧化”的关键技术，这些新兴信息技术将给城市带来巨大的变革，实现城市级的信息共享、协同运作的新模式。特别是大数据技术，是实现城市“智慧”的核心。大数据将带来生产力和生产方式的大变革，发展出大量创新型应用，引领世界城市进入一个全新的发展阶段。

正是基于对大数据和智慧城市的这种理解，我们编写了这本《数据如海可淘金——大数据技术及其在智慧城市的应用》，本书系统地介绍了大数据的方方面面，与一般大数据的技术书籍不同，本书用通俗易懂的语言，描述了大数据的技术奥秘和应用场景。我们力图深入浅出地介绍大数据的技术，特别是与日常生活中的场景结合在一起，描绘大数据如何在我们身边提供服务，使得只具有一般信息技术知识的读者也能清晰地理解什么是大数据。另外，由于大数据技术刚刚兴起，大部分大数据的案例发生在国外，为了大家更清晰地知道国内的大数据应用情况，本书尽可能多地采用了国内的案例，这也是在众多大数据书籍中所少见的。

更重要的是，我们将正在我国蓬勃发展的智慧城市建设与大数据结合在一起，描绘了未来智慧城市的生活，说明大数据如何推动“智慧”的实现。本书的大部分读者都可能正在经历我国高速城市化发展中的各种问题，并且在为改变城市的发展路径贡献自己的力量，我们希望通过引入大数据技术，使得我们的城市能够早日进入良性发展的轨道，早日让城市居民享受到“经济低碳、城市智慧、社会文明、生态优美、城乡一体、生活幸福”的新型城市化生活。

大数据带给我们新的发展机遇，智慧城市改变我们的生活环境，如何将美好的愿景变成现实，需要我们每个人都贡献自己的力量，哪怕是只了解大数据和智慧城市是什么，都能够帮助我们更好地采取行动。如果能够帮助读者更清晰、准确地理解这两项内容，我们也就达到了编写本书的目的。

目录
CONTENTS

一 信息爆炸的硝烟

1 信息爆炸催生大数据时代 / 003

数据如何从“小”变“大”？ / 003

大数据诞生的故事 / 008

五花八门的大数据 / 011

大数据不只是数据量超大 / 015

2 大数据带来大变革 / 018

大数据改变组织模式 / 021

改变传统行业的运作模式 / 023

改变分析预测的方式 / 025

大数据将带来第三次工业革命 / 027

3 大数据的发展动向 / 030

国外的动向，主要是国家政策 / 030

大数据为什么对我国如此重要？ / 031

我国的大数据计划 / 033

广州市的大数据工作情况 / 035

二 “捕捉”大数据

1 大数据从哪里来？ / 041
我们生活在数据的海洋 / 041
大数据的主要来源 / 044
2 “捕捉”大数据的常用工具 / 046
比千里眼和顺风耳还全能的“器官”——传感器 / 046
无所不在的“眼睛”——视频监控 / 048
记录身体的运行状态——可穿戴式设备 / 051
暗藏玄机的“数据海洋”——电子商务等交易信息 / 054

三 大数据的“藏宝洞”

1 大数据的“藏宝洞”——数据中心 / 061
数据中心机房 / 061
数据的河流 / 062
大数据面临哪些存储问题？ / 064
数据中心如何应对大数据的存储需求？ / 067
2 大数据的加工场——云计算 / 070
云数据中心能提供的服务 / 070
云计算是大数据的处理平台 / 072

四 在大数据金山里“淘金”

1 数据的加工厂——数据处理平台 / 077

Hadoop——大数据的基石 / 077
MPP——结构化大数据的处理 / 081
“流”处理——即时数据的神速反应 / 083
2 大浪淘沙的工具——数据挖掘 / 084
数据分析——更清楚地认识世界 / 085
数据聚类——大数据的“拼图游戏” / 087
预测——未来就在眼前 / 089
优化——让一切更美好 / 091
3 大数据的智能化——人工智能 / 093
会学习的“机器人” / 095
自然语言处理 / 098
社交网络的分析 / 100
基于语义的预测 / 101

五 保护好自己的“大数据”

1 大数据的安全隐患 / 107
大数据事关国家安全 / 107
信息集中带来了风险 / 108
城市的安全运行 / 111
2 信息安全体系 / 113
打造可靠的安全体系 / 113

云数据中心可能造成个人信息泄露 / 114
3 个人隐私保护 / 117
大数据下的个人隐私危机 / 117
如何保护个人隐私? / 121

六 大数据在智慧城市的综合应用

1 什么是智慧城市 / 124
智慧城市是城市发展的必然方向 / 124
智慧城市中的生活 / 125
大数据是城市“智慧”的基础 / 127
2 大数据之上的智慧城市 / 129
智慧交通和旅游 / 129
暴雨下的城市应急措施 / 132
产业转型升级 / 135
智慧的生活 / 137
3 大数据面临的挑战 / 139
大数据技术有待发展成熟 / 139
数据质量情况堪忧 / 141
数据开放面临重重阻力 / 142
社会管理重视度不够 / 144

一　信息爆炸的硝烟

小故事　奥斯卡奖的预测

2014 年第 83 届奥斯卡结果揭晓前，你觉得谁最有可能获奖？最佳男主角是屡战屡败的“小李”莱奥纳多·迪卡普里奥，还是突破自我的马修·麦康纳？最佳导演该是展现了科技进步与宇宙思索的阿方索·卡隆，还是展现了人性复杂的马丁·西科塞斯？且慢，我们来看其中一个预测——

最佳影片：《为奴十二年》88.7%；

最佳导演：阿方索·卡隆（《地心引力》）97.6%；

最佳男主角：马修·麦康纳（《达拉斯买家俱乐部》）90.9%。

结果可想而知，这个猜测全部应验。是谁做出了这个预测？答案是 David Rothschild，一位来自微软纽约研究院的经济学家。这一届的奥斯卡，他竟猜中了 24 个奖项中的 21 项！而早在 2013 年，他就做过类似尝试，结果猜中了奥斯卡全部 24 个奖项中 19 个的归属。

Rothschild 并不是任何一位提名者的拥护者，他的预测跟明星、影迷们的预测都不同，没有掺杂任何私人趣味。过去从来没有谁的预测有这么高的准确度。那么，Rothschild 是如何做到如此高的准确率的？

原来，他有个撒手锏，名叫“大数据”，他的预测纯粹以数据说话。具体来说，Rothschild 先设好一个看似简单的数据聚合模型，然后去寻找与各位入围者相关的数据，再做调查。最后运用“大数据技术”，给各位入围者都设定好一个获奖的概率，有第一概率、第二概率之分。第一概率者最终就是获奖者。

David Rothschild 不止预测奥斯卡。在 2012 年的美国总

统大选中，他成功猜对了 51 个选区中的 50 个区的结果，准确率高达 98%。现在，他在网站上主要发布体育和政治方面的预测。

1 信息爆炸催生大数据时代

数据如何从“小”变“大”？

数据最早是怎么被记录的?

在远古时代，人们记事依靠的是一根绳子。在绳子上打

一个结，便是记一件事，如果要记住两件事，就打两个结，如此类推。这是最为原始的记录方式，虽简单却不可靠。因为，当人们在绳子上打了太多的结，恐怕也会记不清谁是谁了。可以说，在人类社会发展之初，数据的存留量是十分有限的。

随着人类文明的发展，文字的出现无疑具有划时代的意义，犹如曙光照耀一方大地。在早期，文字是直接具体的表意文字（象形文字），具有很强的图画特质，如山、日、月等文字至今仍然能够看出其原始的符号形态。到后来，文字的书写越来越规范，也越来越便于书写。正是这些不起眼的笔画勾勒出的符号，穿越了无尽的时空，将前人的思想保留了下来，使文明得以生生不息。在文明社会中，文字作为高效的信息传播工具，大大提高了文化、思想、艺术、技术等人类文明的传播速度和效率。

直到电脑的出现，人类记录数据的方式才有了本质上的改变，也寻找到一种可以代替人的计算工具。早在 17 世纪，欧洲的一批数学家就研究出计算工具，用来简化日趋繁重的计算工作，直到 20 世纪五六十年代，工科大学生们仍然把计算尺作为主要的工具。1946 年，在美国诞生了第一台真正意义上的电子数字积分计算机（ENIAC）；1947 年，Bell 实验室发明了晶体管，电子计算机找到了腾飞的起点，从此一发而不可收；1964 年，计算机开始大量使用集成电路，使得体积开始不断缩小，功能不断增强。

20 世纪 70 年代以后，计算机用集成电路的集成度迅速从中小规模发展到大规模、超大规模的水平，微处理器和微型计算机应运而生。1971 年，英特尔公司研制成功第一台微处理机 4004。1973 年，IBM 公司研制出第一片软磁盘。1982 年，微电脑开始大量进入学校和家庭，并在各行各业的生产、管理、经营活动中发挥着越来越大的作用。1986 年，世界上第一个互联网诞生，并迅速连接到世界各地。

现在，计算机已经进入了每个角落，在城市中甚至超过了人均一台（别忘了，你的手机也是计算机），我们已经跨入了信息爆炸的时代。我们用计算机编写文件，我们看的电视是芯片在控制，我们的电话线路后面连接着电信的数据中心，我们开的车里面有一系列系统在辅助控制……几乎每时每刻、每件事的背后都能看到计算机的影子。信息技术在人们日常生活中的影响越来越大，最简单的，我们用的车载导航系统、智能手机，上网搜索资料，用电脑写文章甚至看电视，等等，都是信息技术在帮助我们提高工作效率和生活质量。

顺着如此势如破竹的趋势，越来越多的数字设备投入了使用，数据种类越来越多，数据量越来越庞大：物联网设备每时每刻都在发送信号，街上的摄像头系统每时每刻都在记录，车载的全球卫星定位系统（GPS）随身在记录车辆的行驶路径，我们打电话、发微信时也在产生数据，我们拍的照片、听的音乐、看的视频、浏览的网页……大数据便伴随着信息技术的发展潮流应运而生，点滴涓流，汇聚成海，人们则在大数据的“海洋”里打捞珍宝。

延伸阅读

数据从小到大

整理一下家里的电子设备，我们就会发现数字化发展的历程，几年前的好东西很快就变成了“老古董”。

PC机的硬盘容量，20世纪90年代是4兆字节（MB），现在则是4万亿字节（TB）；U盘从几兆发展到现在的32吉字节（GB）；云盘普及后，我们也许就很难用上U盘了。20世纪90年代，我们看的是VCD，前两年则是看蓝光光碟，现在又出现4K标准的电视机了；上网速度，从20世纪90年代中期的14.4千比特每秒（kbps），发展到现在的100M宽带，而4G无线网络的速度，理论峰值可以达到100M，在现实应用中能够保证10M的下载速度，完全可以在线看高清电影……

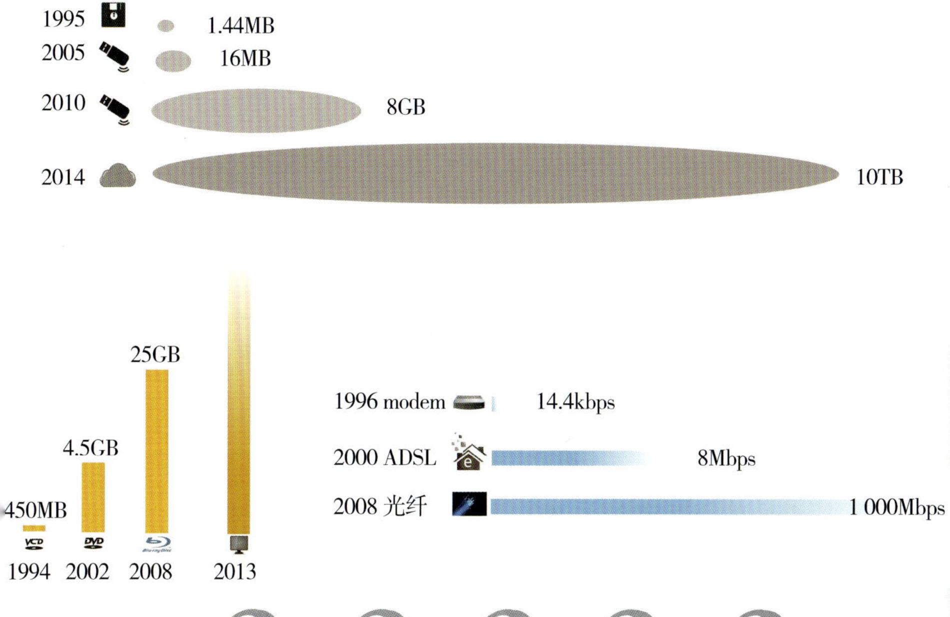

小知识：

它们有多大?

一个字符，例如“1”“2”“a”等，在电脑中的记录：1B

一个单词：10B 左右

一句话：100B 左右

一个很短的故事：1KB 左右

网页的图片：100KB

一本小说：1MB

一卷百科全书：100MB

一张 VCD 影碟：450MB

一部蓝光电影：25GB

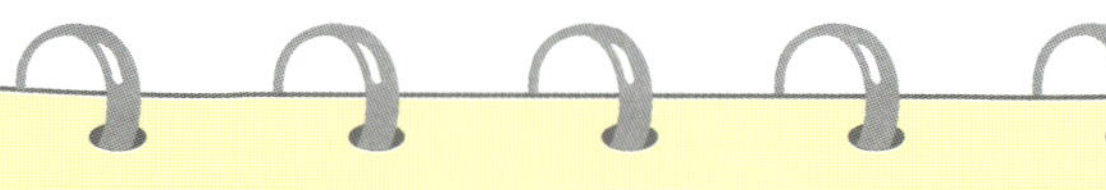

一个医院所有的 X 线片：1TB

美国国会图书馆收藏的所有打印版：10TB

所有的美国学术研究图书馆所记载的信息量：2PB

人类说过的所有的话：5EB

（以上的大部分数字都是一般情况下的平均值）

大数据诞生的故事

假如有人告诉你，人类在最近两年产生的数据量相当于之前产生的全部数据量，你会不会大吃一惊？IDC（国际数据公司）经过多年的监测，告诉我们一个极为恐怖的现象：

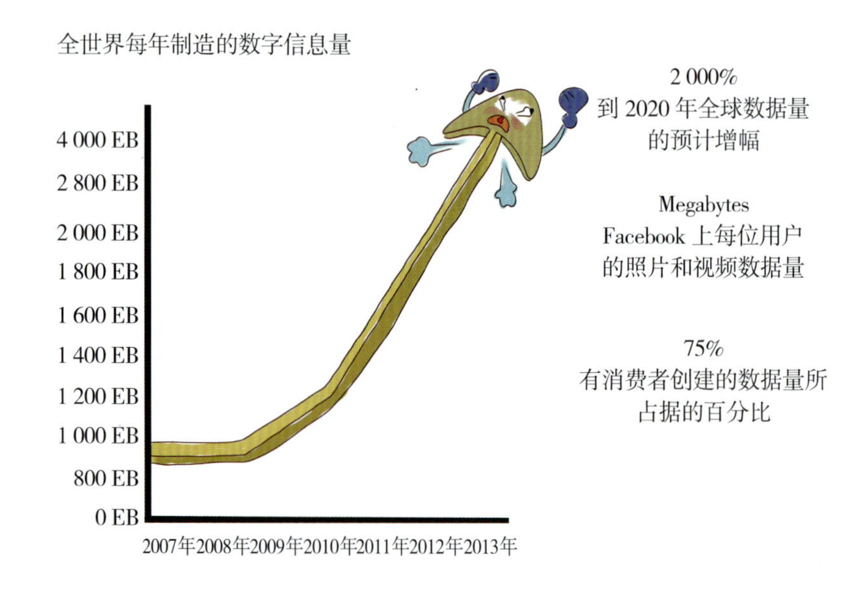

全球在 2010 年正式进入 ZB 时代，至 2015 年，数字化内容将以火箭式的速度逼近 8ZB，预计到 2020 年，全球将总共拥有 35ZB 的数据量，全球数据量大约每两年翻一番，而且这个速度还会继续保持下去。

其实，早在 1980 年，著名未来学家阿尔文·托夫勒便在《第三次浪潮》一书中，将大数据热情地赞颂为“第三次浪潮的华彩乐章”。不过，大约从 2009 年开始，“大数据”才成为信息技术领域的热点。2010 年，最早洞见大数据时代发展趋势的数据科学家维克托·迈尔·舍恩伯格就在《经济学人》上对大数据应用进行了前瞻性的分析。2011 年，舍恩伯格的著作《大数据时代：生活、工作与思维的大变革》前瞻性地提出：大数据带来的信息风暴正在变革我们的生活、工作和思维，大数据开启了一次重大的时代转型。

麦肯锡公司（美国首屈一指的咨询公司）是研究大数据的先驱，它于 2011 年 5 月发布的《大数据：创新、竞争和生产力的下一个前沿领域》报告，这份长达 150 余页报告的主要观点囊括了大数据对国民经济部门生产效率的推动、大数据的快速增长及 IT 技术对产能的贡献率等。麦肯锡的研究报告指出全球数据正在呈爆炸式增长，数据已经渗透到每一个行业和业务职能领域，并成为重要的生产因素。麦肯锡的报告发布后，大数据迅速成为计算机行业争相传诵的热门概念，数据本身是资产，这一点在业界已经形成共识。云计算为数据资产提供了保管、访问的场所和渠道，那么如何盘活数据资产，利用它提升国家竞争力，提高生产力，改善生活质量，成为大数据的核心议题？

要使大数据在如此众多的领域实现它的价值，更为重要的是借助多种技术手段，经过存储、分析、优化后，这样的大数据才是人们所需要的。所谓“好风凭借力，送我上青云”，仅仅是孤零零的一大堆数据，是难有作为的。

而大数据技术，最早起源于互联网企业，例如 Google（谷歌）之类的公司为收集、处理、分析来自互联网的巨量数据，2003 年提出了 MapReduce——面向大数据分析和处理的并行计算模型。基于 MapReduce 产生的开源软件 Hadoop 在解决大数据问题方面实现了良好的扩展性和可用性，很快成为大数据处理的事实标准，大数据技术也从数据的采集分析扩展到数据挖掘、机器学习、信息检索、计算机仿真、科学实验数据处理（生物、物理……）等众多领域。

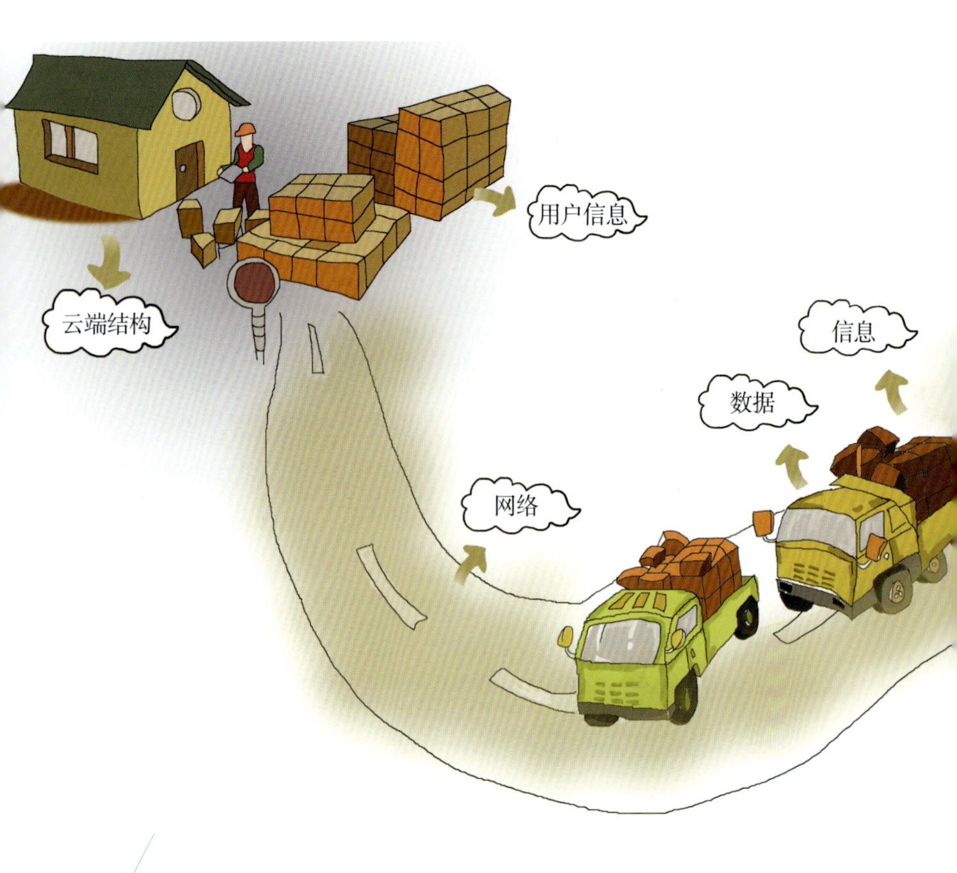

延伸阅读

为什么说数据是“车”，信息是“货”？

大数据的诞生是信息技术发展的必然结果。类比交通行业的发展，在初期需要修建道路，当道路发展到一定的里程，就为汽车产业的发展提供了基础。当汽车普及时，人们关注的焦点就会迁移到汽车运输的“货物”。信息产业的发展也是如此，近年来，以互联网、无线宽带、有线电视等为代表的泛在网络将世界上的每个角落连接在一起，传感器应用在各个领域，将物体的运转状况转换成数字信号，云计算随时能够提供各种信息服务，它们就相当于道路、运输工具、服务机构（例如，快递公司），而数据就相当于运送“货物”的车，信息则是被运送的“货物”。经过处理的数据，形成用户需要的信息。

五花八门的大数据

人们在大数据海洋里随波起伏，也容易被大海所淹没。以电子设备和互联网为代表的大数据，以每两年翻一番的速度增长，而且伴随着数据量的增加，数据类型也在不断地增多：各种类型的传感器渗透到工业设备、汽车、手机、人体等领域，随时测量和传递着有关位置、运动、震动、温度、湿度及体征的变化；移动互联网每时每刻都在产生新的文章、报道、照片、视频、定位信息等，而且还在不断推出新的应用系统；越来越多的传统设备接入了网络，例如：电表、冰箱、照相机，甚至博彩机等，不断把运转的信息传递到数据中心；当我们玩网络游戏、浏览网页、网上找商品的时候，每次点击都会被记录下来，成为运营商分析客户行为的数据；还有遥感数据、环境测量数据、基因数据等。

大数据出现爆发式的增长，其背后的真正原因是非结构化数据的大幅飙升。IDC 研究表明，大数据中高达 80% 的数据是非结构化数据，而且这个比例还会逐步提高。之所以称之为“非结构化”，是因为这些数据不方便用数据库二维逻辑表来表现。事实上，绝大多数业务信息均是非结构化数据，这些信息来自电子邮件、传真、备忘录、视频、客户电话等，而且通常难以量化，因其非结构化性质，这种数据很难进行大规模分析。凯捷与经济学人智库最近进行的一项研究表明，大部分（58%）企业高管在做出商业决策时，依赖于非结构化数据分析。对于公司而言，这些难以处理的新型海量信息意味着巨大的挑战，但同时也是绝佳的机遇。分析的数据越多，发掘重要洞察信息的能力就越强。

原来的数据都可以用二维表结构存储在数据库中，如常用的 Excel 软件所处理的数据，称之为结构化数据。但是现在更多互联网多媒体应用的出现，使诸如图片、声音和视频等非结构化数据占到了很大比重。有统计显示，全世界结构化数据增长率大约是 32%，而非结构化数据增长则是 63%，预计至 2015 年，非结构化数据将达到整个数据量的 80% 以上。

对于任何企业来说，数据都是其商业皇冠上最为耀眼夺目的那颗宝石。伴随着传统的商业智能系统向纵深应用的拓展，商业决策已经越来越依赖于数据。然而传统的商业智能系统中用以分析的数据，大都是企业自身信息系统中产生的运营数据，这些数据大都是标准化、结构化的。事实上，这些数据只占到了企业所能获取的数据中很小的一部分——不到 15%。

通常情况下，数据可以分为 3 种类型：结构化数据、半结构化数据和非结构化数据。其中，80% 的数据属于广泛存在于社交网络、物联网、电子商务等之中的非结构化数据。这些非结构化数据的产生往往伴随着社交网络、移动计算和传感器等新的渠道和技术的不断涌现和应用。产生智慧的大数据，往往是这些非结构化数据。

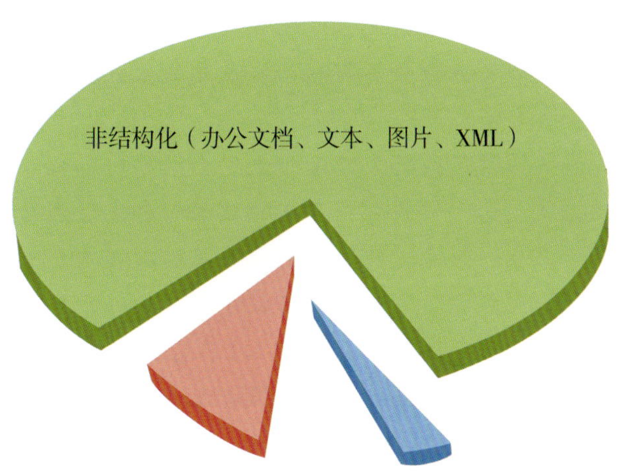

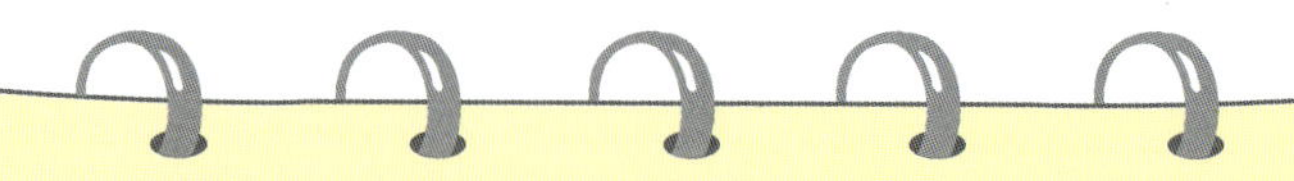

小知识：

结构化数据、非结构化数据、半结构化数据

结构化数据即行数据，存储在数据库里，可以用二维表结构来逻辑表达实现的数据。主要是指具有一定逻辑结构和物理结构的数据，最常见的是存储在关系数据库中的数据。比如企业资源计划（ERP）、财务系统，医院信息管理系统（HIS）数据库，一卡通中的数据，等等。

不方便用数据库二维逻辑表来表现的数据即称为非结构化数据，包括所有格式的办公文档、文本、图片、XML、各类报表、图像和音频/视频信息等。随着网络技术的发展，特别是因特网（Internet）的飞快发展，使得非结构化数据的数量日趋增大。这时，主要用于管理结构化数据的关系数据库的局限性暴露得越来越明显。因而，数据库技术相应地进入了后关系数据库时代，发展到基于网络应用的非结构化数据库时代。

所谓半结构化数据，就是介于完全结构化数据（如关系型数据库、面向对象数据库中的数据）和完全无结构的数据（如声音、图像文件等）之间的数据，HTML 文档就属于半结构化数据。它一般是自描述的，数据的结构和内容混在一起，没有明显的区分。比较典型的是：邮件系统、WEB 集群、教学资源库、数据挖掘系统、档案系统等。

大数据不只是数据量超大

那么，难道把我们身边五花八门的数据收集起来，就可以称之为大数据吗？

事实上，大数据远不止数据量超大这一个要素。国际数据公司（IDC）是从 4 个特征来定义大数据的，即海量的数据规模（Volume）、快速的数据流转和动态的数据体系（Velocity）、多样的数据类型（Variety）和巨大的数据价值（Value）。业界通常用这 4 个“V”来概括大数据的特点。

第一，数据体量巨大。人们和机器制造越来越多的数据，2015 年，数字化内容将达到 8ZB，而且以每两年翻一番的速度在增长。如何存储、处理、查找分析这么大规模的数据，成为 IT 系统必须解决的难题。

第二，数据类型繁多。互联网、物联网和通信技术的迅猛发展，产生了越来越多不同格式的数据，例如：网络日志、音频、视频、图片、地理位置信息等，这些不同格式的数据需要不同的处理方法，而且，非结构数据占 80% 以上的比例，对传统的数据的处理方式提出了巨大的挑战。

第三，处理速度要求高。传统的海量数据处理往往以分钟为任务单位，导致其应用只能在专业领域发挥作用。在大数据时代，如果不能满足业务时限的处理要求，就失去了使用大数据的意义。

第四，价值密度低。大数据中蕴藏的价值与数据量的大小成反比，以视频为例，1 小时的视频录像，可能有用的信息仅仅只有一两秒。找到合适的算法从大数据中“提纯”有价值的数据，是目前大数据应用亟待解决的难题。

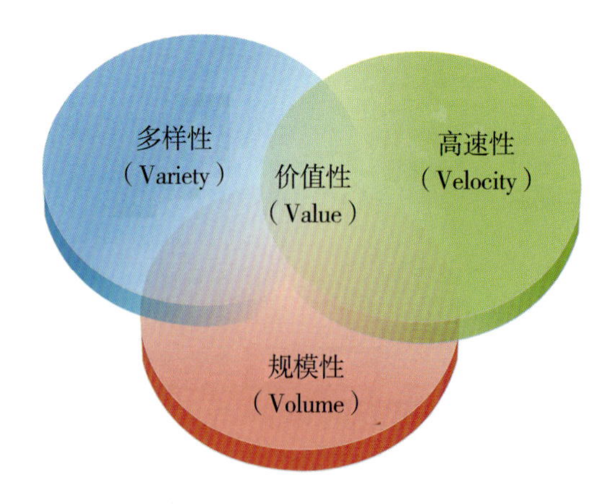

简单地说，大数据就是用数据库工具无法获取、存储、管理和分析的数据集。就是说：在容量、速度、多样性中的

任何一个方面无法满足处理需要的数据，都是大数据。例如：视频监控系统一般只能保留一个月的记录，更长时间的记录由于存储容量的原因，就无法查询到了；网络上有成千上万的照片，由于缺少识别技术，只能人工一张张去查找；用人脸识别技术在车站出入口识别嫌疑犯，由于识别时间无法降低到秒级的时限要求，而无法投入使用。

延伸阅读

阿里巴巴的小额贷款业务模式

在中国，很多银行不愿意给小微企业贷款，因为这些企业大多没有足够的抵押物，银行无法判断或者因为贷款金额小而不愿意去调查小微企业的经营状况。小微企业也不愿意找银行贷款，因为审批的时间过长，等到贷款批下来，往往已经超过了需要资金的时限。而阿里巴巴却将小微企业的贷款业务做得风生水起，因为它可以通过小微企业在支付宝平台的交易数据，了解企业的经营情况，从而决定是否对他们发放无需担保的贷款。据说，最快的审批 5 分钟就可以完成。目前已放贷 300 多亿元，坏账率仅 0.3%。

阿里巴巴的小额贷款业务，就是基于大数据的一种创新金融模式，它也说明了大数据处理速度并非需要降低到秒级才能使用，只要是在业务需求的时间范围内给出结论的，就符合大数据处理速度的要求。

大数据带来大变革

其实，大容量数据很早就产生了，例如，天文、航天、气象、金融交易等都是大容量的数据，但由于需要昂贵的存储和处理设备，以及更为昂贵的专业分析软件，这些数据只能由专业的人员使用。而随着数据充斥我们的生活，大数据技术开始解决我们身边的问题，大数据才凸显出它的价值。

“旧时王谢堂前燕，飞入寻常百姓家”，也就是说，大数据从一个专业化的领域，日益向大众化的方向迈进，不再一味艰深、遥远，而变得紧贴生活，也因此变得更加重要。大数据的重要性体现在以下方面：

（1）大数据是新的资源

2012 年 2 月，《华尔街日报》发表文章《科技变革即将引领新的经济繁荣》，文中罕见地做出大胆预见：“我们再次处于三场宏大技术变革的开端，他们可能足以匹敌 20 世纪的那场变革，它们分别是大数据、智能制造和无线网络革命。”《华尔街日报》的断言并非无的放矢。在 2013 年的瑞士达沃斯论坛上，一份题为“大数据，大影响（Big Data，Big Impact）”的报告宣称，数据已经成为一种新的经济资产类别，就像货币或黄金一样。

人类生活的高度数字化，使得人类生活的各个方面都达到了前所未有的量化程度。大数据带来了一个以数据为中心的时代，无论是信息、知识还是机器智能，都是以数据为载体而存在。数据成为构建未来生产方式和生活方式的基本元素。数据资产成为和土地、资本、人力并驾齐驱的关键生产要素。例如，医疗大数据对于发现疾病起因、查找有效的治疗手段、采取预防措施具有至关重要的作用，谁掌握更多数据谁就可能更准确地解决问题。金融、证券、电子商务、互联网、交通、公共安全等行业莫不如此。因而，很多国家和机构开始大力投入资源采集信息，围绕数据资产将上演跌宕起伏的产业大戏。

（2）大数据是将改变我们认识世界的方式

随着数字化进程深入各个领域，数据就像血液一样遍布环境、生态、生活等各个角落，世界万物的运转方式都可以通过数据显示出来。数据作为信息的载体，成为我们了解世界的一个重要渠道，通过对信息的归纳分析，形成了人类的知识。而大数据技术，进一步提升了我们获取知识、认识世界的速度。通过对大数据技术分析信息之间的相关性，找出带有共性的规律，可以跳过个体认识阶段直接到共性认识阶段，使人们对世界的认识更深入、更快速、更便捷。例如：利用大数据技术分析成千上万的病人治疗数据，有助于我们发现发病的原因、正确的治疗方法和预防措施，这是单靠人力总结很难做到的，而大数据技术大大加快了这个认识进程。

（3）大数据成为新的生产力，带来创新的生产方式

大数据的价值在于与行业应用相结合，改变传统的生产方式。例如，2013 年 6 月阿里巴巴推出“余额宝”，短短半年后就成为中国规模最大的基金，创造了互联网金融“奇迹”，其成功的背后就是大数据技术。在基金领域扎根几十年的传统金融机构无力与“余额宝”对抗的原因也在于他们拥有客户，但是却不掌握客户的数据。越来越多的机构认识到大数据的作用，开始利用数据改变传统的生产、营销、定价、销售、服务方法，通过汇聚信息和利用数据，带来创新性的运行模式，可以说，大数据代表着一种新的生产力，成为新发明和新服务的源泉，更多的改变正蓄势待发，将带来一波提升生产率和创造新价值的浪潮。

（4）大数据带来精确、高效、智慧地运行的世界

如今，网络将人类生活的社会被紧密地联系在一起，通过大数据的实时分析预测，整个社会可以像无数个大大小小的齿轮轴承一样，被精准的计算和预测紧密地关联在一起，各种事务可以无缝对接，日常活动更加准确高效，社会运行的成本大幅降低。

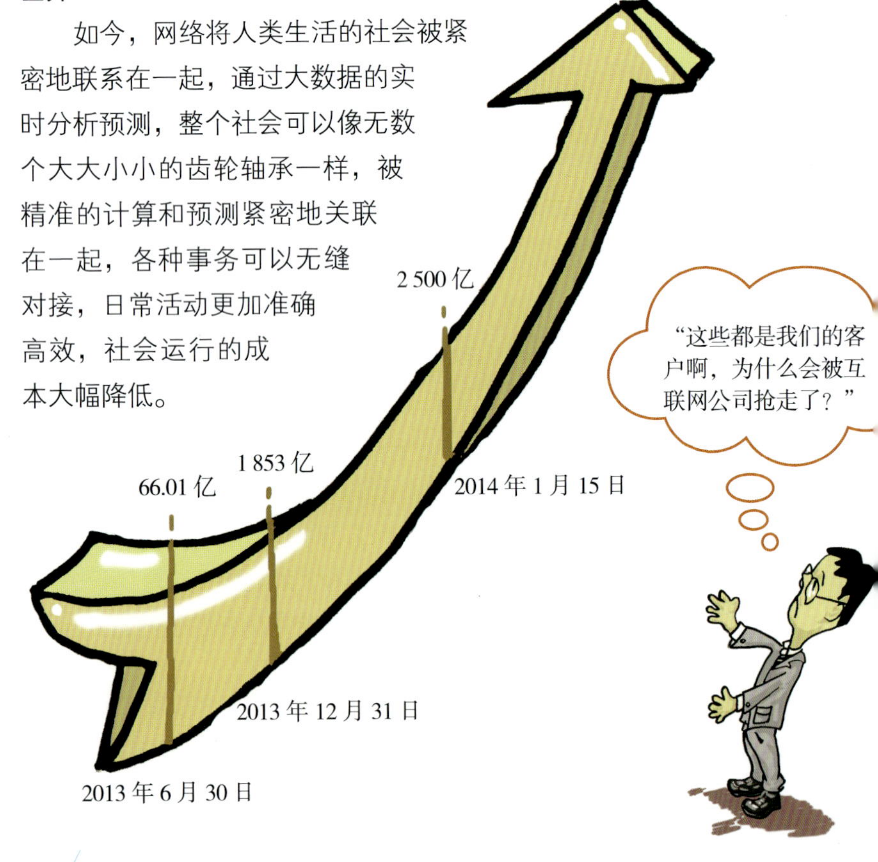

在不久的将来，随着大数据的完善，现今许多依靠人类计算、判断的领域都会被计算机系统所改变甚至取代，无处不在的计算机和网络将像智慧人一样为人类工作和服务，例如：选择行车路线、查找便宜机票、诊断病因等，人类社会将真正进入智慧时代。

总而言之，大数据将带来一场技术革命，对世界上的各个领域产生深刻的影响，使我们的洞察力、执行力和竞争力提高到一个新的高度。

大数据改变组织模式

今天，我们已经在享受网上购物的便利，大家都知道网上同类商品的价格普遍要比实体店便宜，为什么呢？除了实体店的房租因素，最重要的原因在于网购减少了中间商的环节，而且价格比较透明，大幅降低了成本与售价之间的差距。电子商务将传统的一级级分销的垂直结构，变为买方和卖方直接交易的网状组织结构。

互联网推动了商业向网状组织结构发展的步伐，树立了以客户为中心的商业模式，在不远的将来，随着大数据深入设计、生产、服务等环节，做到信息公开透明，厂商就能够实时掌握客户的需求信息，有序地组织原料、配件、服务等供应商按需生产、压低库存，从而进一步降低成本。

数千年以来，政府机构一直是自上而下的垂直化的管理模式，在网络时代，越来越被民众所诟病。各国政府纷纷向服务型政府转型，中国也在 21 世纪初提出了建设服务型政府的方案。互联网、云计算、大数据等新兴信息技术，是推动政府转型的重要力量。首先，信息共享将打开政府各部门间、政府与市民间的边界，大幅消减信息孤岛现象，提高政府各部门协同办公效率和为民办事效率；其次，政府机构所拥有的社会管理和公共生活数据是提升社会的运作效率的重要数据来源，开放这些数据，可以降低公众获取和利用政府数据资源难度和成本，带动社会创新；第三，数据开放，将倒逼政府改革，迫使政府将权力放回笼子里，从垄断和保密的思维模式，真正向“以人为本”的服务型转型。

例如：2013年，在公众的舆论压力下，我国公开了PM 2.5的数值，在公众的关注下，空气污染成为各个地方政府必须时刻面对的问题，从而加速了防治空气污染的步伐。相反，频繁出现的表叔、房叔、房姐等现象，往往都是公众借助互联网进行“人肉搜索”发现了问题，迫使警方介入侦查。其实，房产、公安等机构掌握着详细的资料，数据公开可以有效地将政府的运作置于公众的监督之下，防止腐败现象的发生，真

正取信于民。

 改变传统行业的运作模式

大数据技术起源于互联网，随后在商业机构取得了成功应用，例如：亚马逊借助于强有力的第三方商家和庞大的客户优势，做到了“全网最低价”，借助于对客户购物行为的跟踪，建立了与用户良好的互动关系，从而牢牢占据了市场第一的位置。今后，随着大数据与各行各业渐进融合，将会引发更为丰富的创新模式。

拿汽车行业来说，大数据系统建立起来后，道路边的车辆检测系统和视频监控系统监控车流的情况，车载的感应器随时记录车辆行驶数据，当众多的汽车信息汇集在一起，就可以为各方带来便利。交通部门可以从数据中分析出道路的拥堵情况，根据积累的数据预测交通变化情况；某个区段的车流数据出现异常，系统马上就可以判断出发生了哪种交通问题；驾驶员可以从实时导航系统中了解前方的道路情况，判断走哪条路更加便捷；道路规划部门从积累下来的数据中，优化道路的规划和交通信号的变更频率；保险公司可以根据驾驶员的行车记录，判断驾驶员的驾驶风险等级，确定合理的保险费。

从以上的案例可见，大数据将会产生新的生产模式、商业模式、管理模式，这些新模式对经济社会发展带来深刻影响。实际上，已经有越来越多机构在运用大数据改变传统的工作模式了。以前，统计部门必须积累足够的数据量，才能对经济形势做出分析判断，这往往要几个月后才能得出结论。但是，阿里巴巴却能够近乎实时地预测经济的发展趋势，

秘密就在于电子商务交易数据中。例如：圣诞节的商品订单，正常情况下应该提前半年发采购单，但是6月份没有足够的订单，到9月份订单量仍然不足，就可以断定到年底，经济状况会出现大幅的下滑，很多中小企业将出现经营困难。

大数据甚至还在改变传统产业的业务结构，例如：电信业原有的主营业务是语音业务，但随着移动互联网的普及，数据业务上升为主营业务，语音业务变成了副业；随着互联网企业的APP（应用程序）应用的深入发展，电信业务沦为通道供应商；金融业，以往主要的收入来源为存贷之间的利息差，随着互联网金融的迅速崛起，金融机构以往引以为豪的众多营业网点未来将成为累赘，靠利息差吃饭的模式不得不转向围绕客户需求，提供金融衍生服务来赚钱。

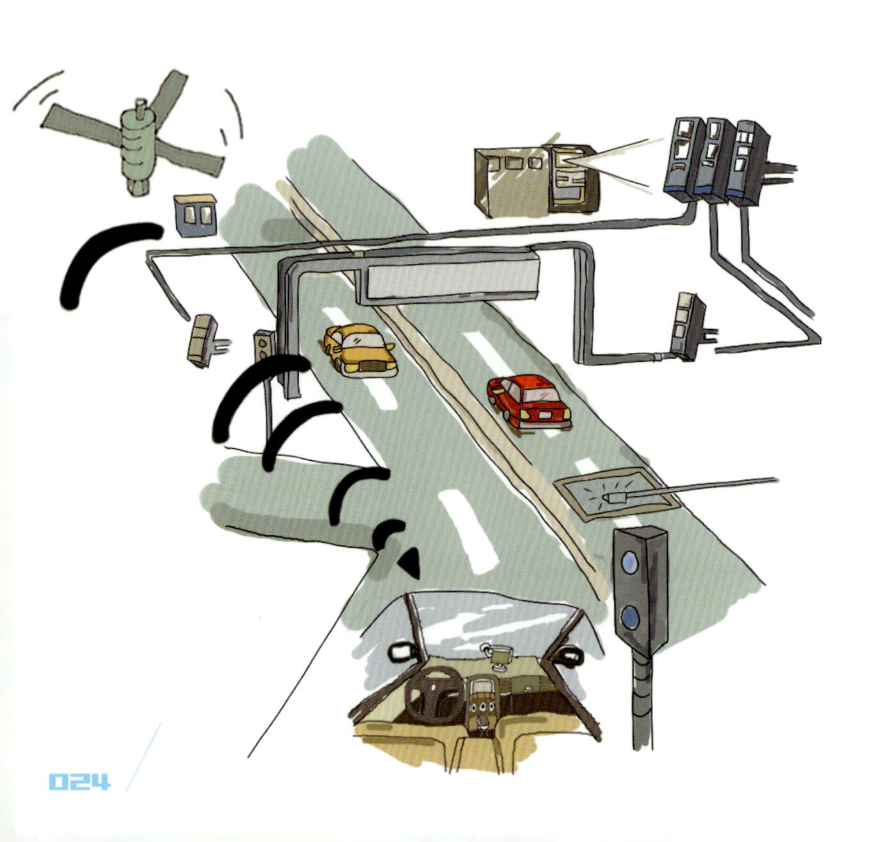

 改变分析预测的方式

随着大数据技术进步，越来越多的数据被汇集在一起，将会产生更多的应用功能，惠及人们生活的方方面面。特别是随着人工智能的深入发展，很多复杂的搜索、分析、判断工作都交给移动设备来解决，例如：翻译、查找路线、搜索最低价格等，移动互联网的普及，将使得我们随时随地都可以获得帮助。

采集数据的目的就是为了预测未来的变化。以往，我们为了预测，发展出一系列模型方法和一整套统计学理论，几千年以来，我们一直不断地在探求现象背后的因果联系，希望发现“真理”。

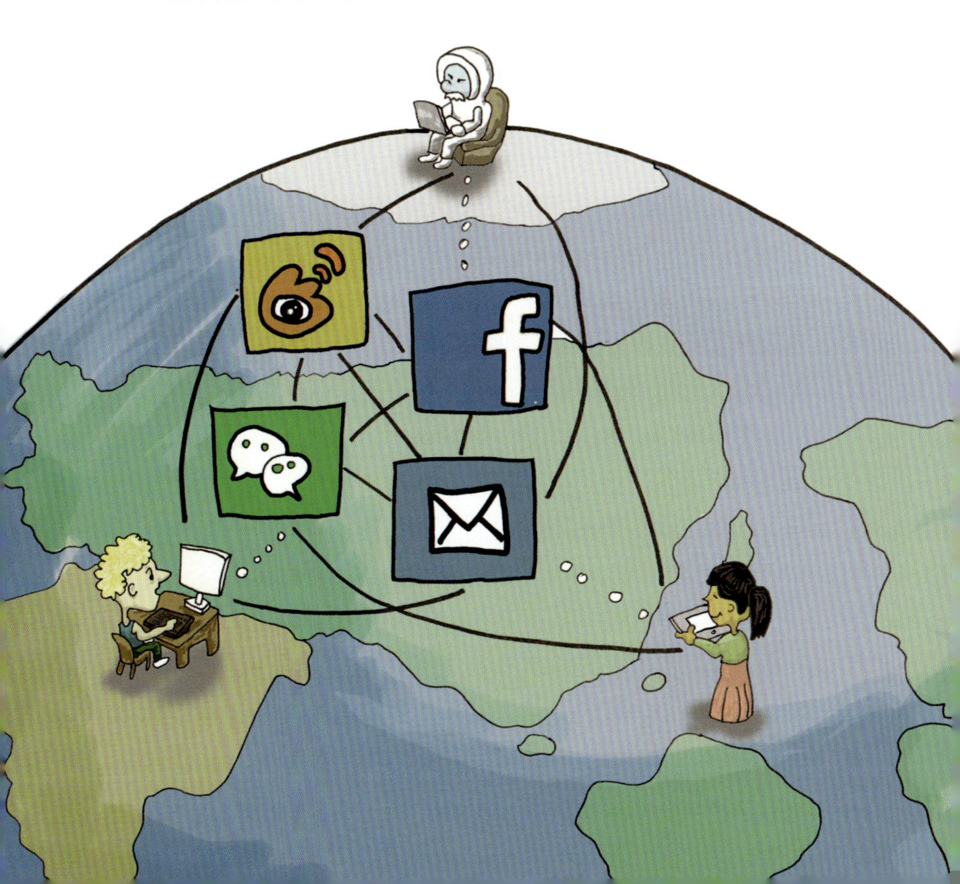

而大数据技术的发展，为我们认识世界提供了一条全新的途径。例如：谷歌公司的研究人员设定“咳嗽”“发热”“感冒”“肌肉疼痛”之类和感冒相关的关键词，只要用户输入这些关键词，系统就会展开跟踪分析，和发生的地点联系起来，结果发现与医疗机构统计的流感发生情况高度相似。但是，要比医疗机构的统计数字提前 2 周就能知道流感的发病率。以此为依据，将来我们可以根据搜索引擎的搜索数据统计流感的发生情况。

这个大数据的典型案例，说明了在大数据时代，我们有能力掌握所有的数据，不必采用统计抽样的方法，就可以获得结论。而且由于数据的量足够大，即便存在“脏数据”，也不会影响总体的结论。这种不探究因果关系，通过对数据相关关系的认识，从数据直接获得结论的方法，也许能更好地了解这个世界。换言之，在大数据时代，我们知道“是什么”或许比知道“为什么”更重要。这颠覆了千百年来人类的思维习惯，对人类认知世界的方式提出了全新的挑战。

现在很多基于大数据的人工智能，都不是采用逻辑/因果关系，而是利用大数据搜索和统计方法，找到最合适的答案，大数据的出现，为科学研究提供了一种创新的方法。加上大数据超强的存储、搜索、分析能力，使得现在许多依靠人力计算、判断的领域将来都会被计算机取代，例如：预测经济发展走势、制定新产品的价格、规划行车路线等。循着数据→信息→知识→智能的路径，人类社会将一步步实现机器智能，将社会推进到“智慧运行”的高度。

 大数据将带来第三次工业革命

18 世纪，蒸汽机的广泛使用催生了第一次工业革命。

1870 年以后，电力的广泛使用、交通工具以及通信工具的创新将人类带入第二次工业革命。

回顾过去近百年的人类科技发展史，随着信息技术的颠覆性创新及其带来的巨大社会影响，人类科技变革的焦点已由传统工业转向信息技术，整个世界正在由物理维度转向数字维度。因而，美国经济学家《第三次工业革命》作者杰里米·里夫金提出：以大数据、智能制造和无线网络为代表的科学技术，将催生新一轮科技革命和产业变革，带来第三次工业革命。在未来 50 年里，将发生巨大的变化。

（1）从能源竞争走向能源合作

第一次工业革命和第二次工业革命以能源为命脉，为了

获取化石燃料和其他有价值的资源，国家之间冲突不断，甚至爆发战争。而第三次工业革命则以分布在世界各地、随处可见的可再生能源为基础，例如太阳能、风能、水资源、地热、生物能、海浪和潮汐能等。但是，这些储量丰富、又非常廉价的能源该如何有效利用起来，为全人类服务呢?

这些分散的资源被数百万个不同的能源采集点收集起来，通过智能网络进行有效整合、分配，实现能源的有效利用并实现可持续发展。由于这些资源分散在各处，所以需要全球性的合作组织对地球生态系统进行协调管理，全球的经济活动呈现出网络化的特征，地球更像是一个由相互依赖的生态关系所组成的生命有机体。

(2)垂直的权力结构变为扁平化

第一次工业革命与第二次工业革命均采用垂直结构，倾向于中央集权、自上而下的管理体制，权力是金字塔式地由上到下组织起来的，大权掌握在少数工业巨头手中。然而，互联网技术与可再生能源的分散式生产相结合，将从根本上重构人类的关系。传统的、集中式的经营活动将逐渐被分散经营方式取代，遍布全国乃至全世界的中小型企业组成的网络与国际商业巨头一道共同发挥着作用；传统的、等级化的经济和政治权力将让位予以节点组织的扁平化权力。

(3)参与即是享受的过程

互联网和新型通信技术的普及，为每个人都提供了参与的机会。数千万的年轻人正在积极地进入全球性的社交空间和新的信息领域之中，例如维基百科、社交网络、开源软件等，很多都是由20多岁的年轻人建立起来的。他们在证明自身才智、享受这个过程的同时，也创造出更具意义的价值。更多的人参与到分享的过程中，共同推动了生活进步和社会发展。

（4）人类的居住方式将与自然融合

而今，大多数的人类都生活在城市中，而且很多是在人口超过 1 000 万的超级大城市，我们已经变成了“城市人类”。在第三次工业革命的总体规划中，现有的城市和郊区空间将被纳入封闭的生物空间内，我们的生活空间、工作空间和娱乐空间同所属的生物圈融合起来，实现人与自然的和谐相处。分散式的能源供应、四通八达的通信和运输系统将这些点连接成一个网络，覆盖多个大陆。

3 大数据的发展动向

大数据作为国家核心资产，是国家之间新的竞争焦点。在大数据领域的落后，意味着失守产业战略的制高点，意味着数字主权无险可守，意味着国家安全将在数字领域出现漏洞。

 国外的动向，主要是国家政策

2012 年 3 月，奥巴马政府宣布投资 2 亿美元启动大数据研究和发展计划，该计划由联邦政府的多个部门国家科学基金、国家卫生研究院、能源部、国防部、国防部高级研究计划局、地质勘探局等负责，旨在加快科学、工程领域的创新步伐，推动和改善与大数据相关的收集、组织和分析工具及技术，提升从大量的、复杂的数据集合中萃取信息的能力，强化美国国家安全。这表明:“大数据”已经上升到了美国国家战略的层面。

“大数据研究和发展计划”也被认为是 1993 年“信息高速公路”计划后美国政府政策层面的又一次狂飙突进，将“大数据”上升到国家意志将在下一个 10 年带来深远影响。

2010 年 4 月欧盟委员会发起欧洲数字化议程，致力于利用数字技术刺激欧洲经济增长，帮助公众和企业最大化利用数字技术。截至 2013 年 1 月 12 日，ODP（欧盟委员会全新的开放数据平台）已经开放 5 815 个数据集，其中的 5 638 个数据集来自欧洲联盟统计局（Eurostat），数据包括地理、大气、国际贸易、农业等各类信息。

2012 年 7 月，日本文部科学省指出为迎接大数据时代学术界面临的挑战，将重点推进大数据收集、存储、分析、可视化、建模、信息综合的各阶段研究，构建大数据利用的模型。

2012 年 7 月，联合国在发布的《大数据促发展：挑战与机遇》白皮书中指出大数据时代已经到来，大数据对于联合国和各国政府都是一次历史性的机遇。报告讨论了如何利用大量丰富的数据资源帮助政府更好地响应社会需求，指导经济运行，并建议联合国成员国建设“脉搏实验室（Pulse Labs）”，挖掘大数据的潜在价值。

在互联网和通信技术飞速发展 20 年后，一个属于大数据的时代，真的来了。

大数据为什么对我国如此重要？

我国正处在从工业化不断加快到工业化基本实现的转变中，面临着同时发展工业时代的生产力与信息时代生产力的双重任务。中国的快速发展不可能建立在低水平社会生产力体系之上，而由大数据带来的技术革命给中国发展带来新的机遇。

第一，大数据是推动我国实现新四化（工业化、信息化、城镇化、农业现代化）的重要力量。当前，我国正处在全面建设小康社会征程中，工业化、信息化、城镇化、农业现代化任务很重，建设下一代信息基础设施，发展现代信息技术产业体系，健全信息安全保障体系，推进信息网络技术广泛运用，是实现新四化同步发展的保证。大数据分析对我们深刻认识国情，把握规律，实现科学发展，做出科学决策具有重要意义，我们必须重视数据的重要价值。

第二，我国拥有庞大的数据资源，为大数据的利用提供了坚实的保障。大数据已经成为一个国家的战略财富和发展创新业务的基础。中国人口居世界首位，中国已经是全球最大的个人计算机（PC）和智能手机市场，并且中国的互联网用户和移动互联网用户数量也是全球最多，这些终端设备每时每刻都在互联网上创造数据。中国的人口和经济规模决定了中国的数据资产规模冠于全球，这在客观上为大数据技术的发展，提供了演练场。

第三，利用大数据提升我国的生产力水平。中国被誉为“世界的加工厂”，以制造为主的加工业处于产业链“微笑曲线”的底部，只能获得最低利润。大数据为我们的产业升级换代提供了新的历史机遇。我们必须认清发展以大数据为代表的信息生产力的紧迫形势，建立大数据的国家战略，对社会生产关系及其相联系的经济运行机制进行改革，通过数据分析来提高效率、提升精细化和智能化水平，助力经济发展方式转变，推动内涵式增长，带动各行业转型升级，使中国制造走向中国创造，提升中国的国际竞争力。

第四，利用大数据实现创新型发展。相比西方发达国家，我国的信息技术应用水平还比较低，特别是一些政府部门拥有大量数据却不愿与其他部门共享，导致出现了严重的“信息孤岛”和重复投资的现象。在大数据时代，数据公开是推动政府变革的重要力量，也是推动社会创新的主要驱动力，我国政府必须通过体制和机制改革打破数据割据与封锁，通过政府、学术界、产业界、资本市场四方通力合作，在确保国家数据安全的前提下，最大限度地开放数据资源，促进数据关联应用，释放大数据的巨大价值。推动各种机构创造新

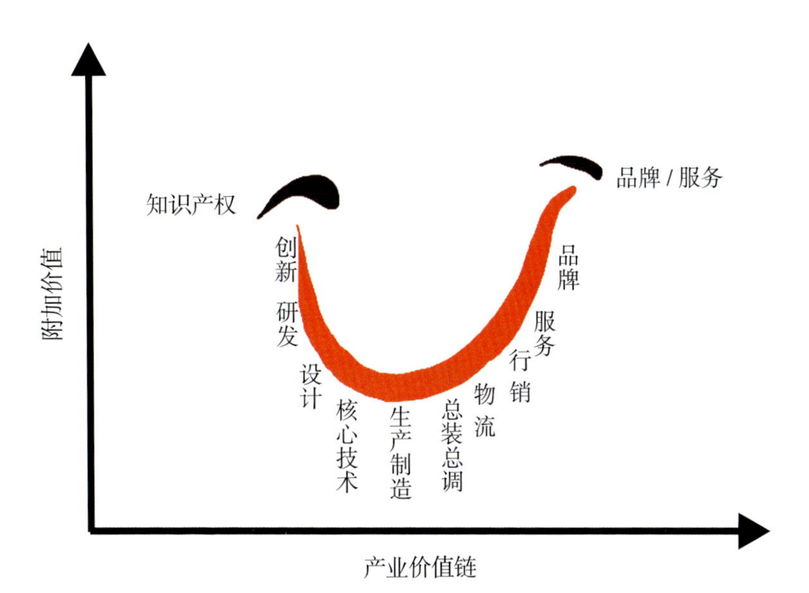

的商业模式、产品和服务，形成领域新的业务增长点。

我国的大数据计划

在 2011 年 12 月 8 日，我国工业和信息化部发布的物联网“十二五”规划上，把信息处理技术作为 4 项关键技术创新工程之一被提出来，其中包括了海量数据存储、数据挖掘、图像视频智能分析，这都是大数据的重要组成部分。《十二五国家战略新兴产业发展规划》中指出，加强海量数据处理软件为代表的技术软件开发；《物联网十二五发展产业规划》中把大数据信息处理等作为 4 项关键技术创新工程；《国家发改委关于加强和完善国家电子政务工程建设管理的意见》强调，政府数据中心的建设注重顶层设计，向跨部门、跨区域的协同互动和资源共享转变。

在大数据时代，有两点非常有利于中国信息产业实现跨越式发展。第一，大数据技术以开源为主，迄今为止，尚未形成绝对技术垄断。即便是 IBM、甲骨文等行业巨擘，也同样是集成了开源技术和该公司已有产品而已。开源技术对任何一个国家都是开放的，中国公司同样可以分享开源技术的蛋糕，但是需要以更加开放的心态、更加开明的思想正确地对待开源社区。第二，中国的人口和经济规模决定了中国的数据资产规模冠于全球。这在客观上为大数据技术的发展提供了演练场。国内像阿里巴巴、百度、腾讯、新浪等互联网公司，华为、中国移动、中国电信、中国联通等通信公司，华大基因等生物公司都拥有不亚于国外企业数据量的大数据，需求也非常明确和迫切，国内的大数据分析有良好的基础。中国科研机构和企业，可借助政府的支持和导向，共同攻克大数据分析关键技术的难关，并建立相应实用系统。

我国沿海经济发达的省份，已经率先启动了大数据的规划方案：

●广东省：2012 年 12 月广东省率先出台了《广东省实施大数据战略工作方案》，2014 年 3 月成立了广东省大数据管理局；

●上海市：2013 年 7 月，发布《上海推进大数据研究与发展三年行动计划》（2013—2015 年），并成立上海大数据产业技术创新战略联盟。

●北京市：2014 年 2 月 19 日，中关村管委会出台了《关于加快培育大数据产业集群推动产业转型升级的意见》。

●贵州省、重庆市：2013 年、2014 年出台了大数据产业规划。

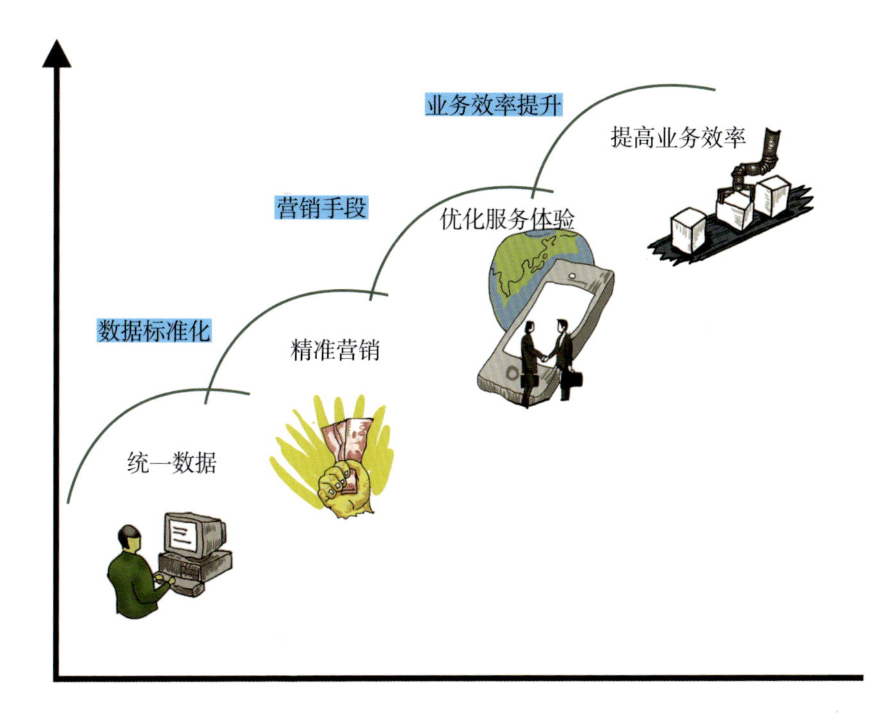

广州市的大数据工作情况

从2013年开始，广州市根据《广东省实施大数据战略工作方案》的要求，开始部署大数据战略，为配合“智慧广州”的建设，完成了城市大数据信息资源库理论、技术及应用的研究，形成了《广州市政府大数据工作方案》。2014年广州市组建了大数据管理局，负责制订并组织实施大数据战略、规划和政策措施，引导和推动大数据研究和应用工作，制定相关标准规范，推动全社会大数据的开发应用和产业链的发展。

在信息资源共享方面，从 2005 年开始投入使用市政府信息共享平台，截至 2013 年底，共享平台市本级接入单位达 70 家，覆盖 12 个区（县级市）及绝大部分市本级政府部门；汇集数据 12.36 亿条，全面服务于宏观调控、市场监管、公共服务和社会管理等工作事务。在大数据技术的浪潮下，市政府信息共享平台将利用超算中心的资源，开展视频资源分析与应用、社会管理预测、政府数据开放等大数据服务功能。

在未来几年内，广州市政府大数据的重点工作主要包括如下几项内容：

●基于现有政务资源和广州超算中心提供的云计算、云

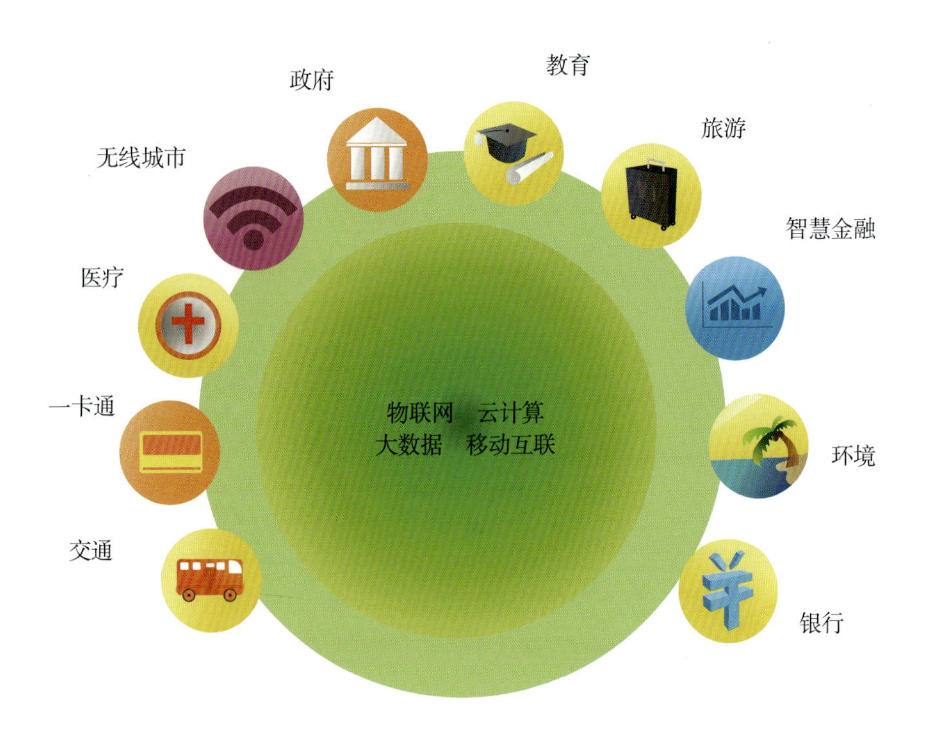

存储服务，建立稳定可靠的政府大数据库。搭建统一的政府大数据库处理系统，实现大数据全生命周期的管理；提供分析和展现工具，支撑大数据的整合应用。

●在宏观经济、税务、公安、交通、国土、质量监督、食品药品安全、社会保障、教育、旅游、环境保护、社会诚信、市场监管等重点领域，完善业务数据库的建设，成为政府大数据库的基础资源和重要组成部分。加深政务信息资源的整合力度，在视频监控、地理空间、环境污染、医疗卫生、教育、旅游等领域开展大数据的创新型应用，提升政府各部门的社会管理能力和服务民生能力。

●建立统一的数据开放系统，整合政务信息，面向社会提供统一的信息发布渠道。

二 “捕捉”大数据

POLICE
BOSTON
视频监控
建筑物检测
场馆客流量监测
地点：体育馆
主干道车速监控
监测点：交通线
环境质量监测
地点：麓湖
道路检测
桥梁压力检测

小故事 波士顿马拉松爆炸案

2013年4月15日下午2时49分，波士顿马拉松赛的爆炸案造成了3人死亡，150人受伤的惨案。如何破案，特别是如何快速破案是摆在波士顿警察局以及美国联邦调查局（FBI）面前的巨大挑战。波士顿警察局在4月18日公布了嫌犯焦哈尔·萨纳耶夫的名字，并发布了他的相片，19日凌晨发现嫌犯在水镇（Watertown），并包围了水镇，19日上午10时公布了嫌犯的车牌号，晚上在一艘小船里将嫌犯捕获，一个全球关注的事件在5天内获得解决。

我们来看看在波士顿爆炸案的破案过程中，FBI是如何处理的呢？

①保留Copley广场附近的所有监控录像，以供比对、查找，波士顿警察局的官员称“将仔细查看所有录像的每一

帧画面”。

②走访事发地点附近12个街区的居民，收集可能存在的各种私人录像、照片，无论他们来自摄像机还是私人的手机。

③向公众提出了收集相关信息的请求。

④大量收集网上信息，包括像Twitter（推特）、Facebook（脸谱）、Vine、YouTube等社交媒体上出现的相关相片、录像等。

根据《洛杉矶时报》对爆炸案的报道，FBI已经在波士顿马拉松爆炸事件后在案发现场附近采集了10TB左右的数据，这些数据包括采集自移动基站的电话通信记录，附近商店、加油站、报摊的监控录像以及志愿者提供的图片和影像资料。

这个案件的侦破工作使用了各种高科技的手段，使用的数据符合大数据4“V”特点，充分展示了大数据技术的作用。

大数据从哪里来?

我们生活在数据的海洋

为什么原来没有大数据的概念呢？因为以前没有这么广泛的电子化记录手段，即便有一些容量很大的数据，例如视频监控信息，由于存储空间不足没有记录下来，或者数据量过大无法处理而被忽略掉了。

现在，除了做饭、吃饭、睡觉等这些私人生活中的一部分外，我们周围的绝大部分事情都已经数字化。

●早晨，可穿戴式设备叫醒我们起床。

●开车上班，车载记录设备时刻记录车辆行驶状况，GPS 导航记录车辆的行驶路线；马路上的摄像头会记录我们的踪迹。

●在办公室，打开电脑，我们看到的一切、输入的一切都是数据。

●用 QQ 聊天、发微信、打电话，都会在服务提供商或电信运营商那里留下记录。

●回到家，打开电视、音响、影碟、游戏机，一切娱乐设施都是数字化的，连空调、冰箱、窗帘等设备都已经可以远程自动控制。

●运动时，可穿戴式设备记录我们的身体状态。

●生病，到医院测量血压、拍 X 线片、照 B 超、验血等都已经是数字记录。

……

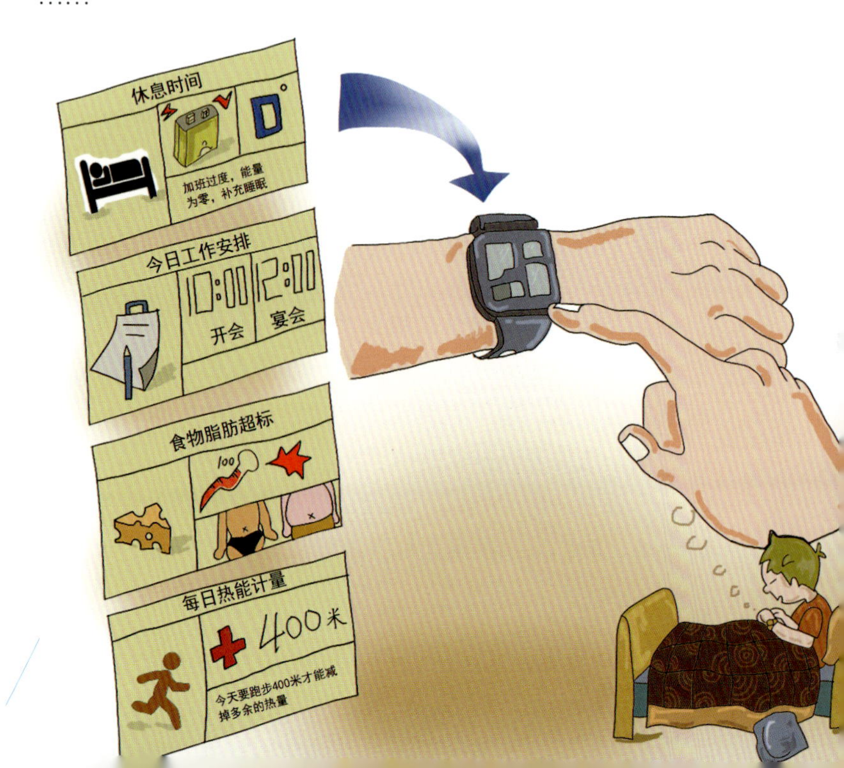

仅仅是我们自己的数据，每天就已经经手了大量的数据，当把众多个体的数据汇集在一起，就形成了大数据：

- 可穿戴式设备记录的体征数据，汇集在一起，可以获知城市人群的健康状况、生活习性和睡眠质量，从而制定改善身体健康的方案。
- 汇集众多病人的医疗数据，可以帮助医学家们发现流行病的发病规律。
- 汽车行驶的数据，汇集成交通状况，可以帮助交通部门优化线路。

……

数字化体现在我们生活、工作、娱乐中的每项活动，因而，我们能从数据中发现有价值的东西。数据使得我们可以更快速、更深入、更透彻地理解世界的运行方式，进而使我们的生活更加轻松，更加便捷。

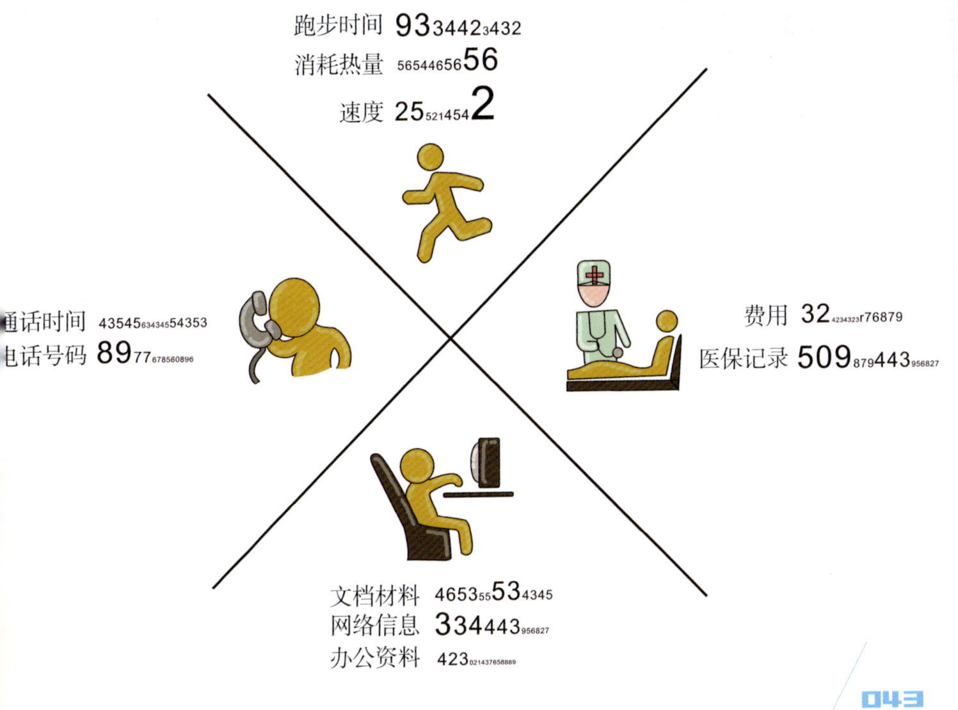

大数据的主要来源

大数据是随着数字化深入各行各业且积累到一定程度而诞生的，正是由于积累了海量的基础数据，我们才能了解这个世界的运行规律，预测未来。

视频、传感器、互联网、社交网络、通信、金融交易、影视娱乐、机器日志、科研数据等是大数据的主要来源。

大数据的主要来源

序号	类别	典型数据
1	传感信息	GPS、PM2.5、无线射频标签（RFID）、遥感数据等，汽车、机械设备、房屋、桥梁、水质、空气等都有传感器在采集数据
2	互联网	网页、电子邮件、图片、文档等
3	社交网络	腾讯 QQ、微信、微博、Facebook 等，每时每刻都在产生新的纪录
4	通信	通话以及连接数据
5	数字化设备	视频、数码照片、数字医疗设备、可穿戴式设备等
6	机器日志	计算机操作日志、车载记录仪、智能电网运行数据、黑匣子等，例如：黑匣子就记录了飞机飞行中的各种数据，当发生问题时，可以从中查找根源
7	金融交易	银行交易、证券交易、电子商务等，每时每刻都在产生成千上万的记录
8	文件	报纸、杂志、书、文件、档案等；例如纸质文件在逐步扫描成电子文件，新产生的文件从排版时已经实现电子化
9	科研数据	天文、医学、气象、生物、基因工程等，欧洲核子研究中心的离子对撞机每秒运行产生的数据高达40TB
10	影视娱乐	电影、音频、电视、游戏等，这些数据容量巨大，内容丰富，但是很难从中提取出可用的信息

为什么现在会出现数据激增现象呢?

①数据存储和处理成本下降:信息技术按照摩尔定律的规律,存储器、处理器等的性能每两年提升一倍,成本却下降一半,使得电子化得以加速进入各个领域。

②数字化遍及各个角落:随着传统设备转向数字化,例如:数码相机、医疗设备、视频监控等,产生了海量的数据;传感器的普及应用,例如:GPS 导航、可穿戴式设备等,成为增长速度最快的数据源。

③数据类型大大增加:新的数据源和数据采集技术的出现则大大增加了数据的类型,例如:微信、微博、Facebook 等社交网络就是近年来产生的新数据类型。数据类型的增加直接导致现有数据空间维度增加,增加了大数据处理的复杂度。

④对数据的处理能力提升：互联网、云计算、移动通信等新一代信息技术的发展成熟，不但带来海量数据，而且也催生了大数据的处理技术，使得原来无法处理的数据成为宝贵的信息资源，特别是在预测、商业分析、人工智能等领域取得了显著的成效，激发了全社会对大数据的处理需求。

“捕捉”大数据的常用工具

比千里眼和顺风耳还全能的“器官”——传感器

当你把竖着的手机倾斜成横向时，屏幕就会自动旋转90°。这是怎么做到的呢？原来，这是手机上的“重力感应器”在起作用，重力感应器在感受到手机变换姿势时，会通知手机系统。手机“摇一摇”、翻转静音等功能，也是利用了重力感应器。

像这样的传感器，现在已经遍布城市的各个角落：汽车上的雷达感应前后的距离、电梯上的传感器检测下降的速度、楼道里的烟感器监控烟雾的浓度、路边的电灯感应到光线的变化就会开启……传感器已经在智能交通、环境保护、公共安全、智能家居、环境监测、老人护理、花卉栽培、水系监测、食品溯源和情报搜集等多个领域得到应用。

当我们把嵌入到电网、铁路、桥梁、隧道、公路、建筑、供水系统、大坝、油气管道等各种物体中的传感器信息都汇集到一起，就形成了“物联网”，再把物联网与互联网整合起来，我们就可以感知整个城市每个部件的运行状态。进而，我们可以利用这些信息和控制系统结合在一起，对机器、设备和基础设施进行管理，使得这些部分可以实时采取行动（例如：报警），甚至自动地进行纠正，从而达到更精细、更稳定的运行状态。

以物联网和家电为代表的联网设备数量增长更快。2007 年全球有 5 亿个设备联网，人均 0.1 个；2013 年全球有 500 亿个设备联网，人均 70 个。随着宽带化的发展，人均网络接入带宽和流量也迅速提升。全球新产生数据年增 40%，即信息总量每两年就可以翻一番，这一趋势还将持续。

物联网信息具有大数据典型的特征：数据量大、关联复杂、数据增长快、交换和查询频率高、实时性强。随着越来越多的传感器投入使用，单一数据集的容量超过 TB 级甚至达到数 PB 级，规模大到无法在需要的时间内用传统数据库工具进行采集、处理和管理。

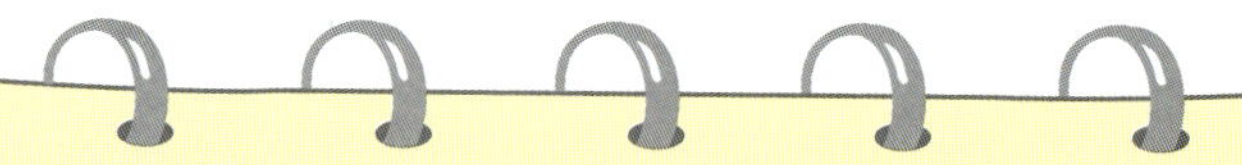

小知识：

传 感 器

传感器是一种物理装置或生物器官，能够探测、感受外界的信号、物理条件（如光、热、湿度）或化学组成（如烟雾），并将探知的信息传递给其他装置或器官。

随着电子技术的发展成熟，传感器已经遍布我们的四周。例如：车载或者手机中的 GPS 时刻记录我们的位置，你可以在出去游玩时记录下自己行走的踪迹；空调中的传感器感应温度的变化，调整冷风的供应量；汽车座椅感应器探测到乘客没有系安全带就发出提醒警示；无线射频标签（RFID），是安装在装运托盘或产品外包装上的一种微型标签，它是货物的唯一标识码，当把很多货物装在车上后，读卡器可以在一定范围内检测到 RFID 的信号，不必把车停下来逐件检验。

无所不在的“眼睛”——视频监控

1998 年，威尔·史密斯主演的电影《国家公敌》中，男主角卷入了一次意外事故，被遍布在美国各个角落的摄像机追踪，无数的摄像机形成了一张超级大网，无论男主角跑到哪里都处于被 CIA（美国中央情报局）的监控之下……当时的人们看这部电影，觉得有点科幻片的味道。十几年后的今天，影片中的场景正在成为现实。

据 IMS Research（英国敏思管理咨询有限公司）统计，2011 年全球摄像头的出货量达到 2 646 万台，预计到 2015 年摄像头出货量达 5 454 万台。为了奥运会的安全，伦敦部署了 50 万个摄像头，平均 14 个人就有 1 个。随着中国“平安城市”“智能交通”的深入开展，各个城市街边的摄像头越来越多，例如：广州 2012 年底共部署了 26.8 万个摄像头，计划到 2016 年增加到 45 万个摄像头，其中高清视频摄像头超过 30%。视频监控系统除了监控治安情况外，还在查询车辆违章、判断森林火警、商场人流统计、环境检测、远程会议等方面发挥着作用。

- 公安：监控城市各主要公共场所、道路、车辆等，对采集的视频信号进行识别，用于追查通缉犯等行动。
- 交通：监控城市道路、高速公路、收费站、火车站、铁路以及机场的安全。
- 教育：监控学校的操场、走廊、大厅、教室、厨房以及一些建筑物。
- 工厂：监控生产车间、生产线、库房、后勤部门等。
- 银行：监控银行营业网点和街头的 ATM 取款机。
- 商场：监视店内的货架、柜台、公共区域和人流情况。
- 写字楼 / 住宅小区：监视出入口、公共场所。

……

中国的视频监控还只是开始，在视频监控联网化、高清化推动下，城市中的数十万摄像头开始联网运行，视频监控产生的数据即将如洪水一般汹涌而来。但是，如何利用视频大数据为我们的人财安全、交通出行带来便利，还有许多课题待攻克，例如：2012 年，8 次持枪抢劫的周克华，在多个地方的视频监控系统中都留下了踪迹，但是由于图像不清晰、未能联网、搜索速度慢等原因，公安机关屡次错过了最佳破案时机。

另外，基于海量的视频数据获得的信息，比互联网数据更接近于真实的世界。我们的一举一动都被记录在案，如果被别有用心的人获取，会带来什么影响？电影《国家公敌》里面的场景是不是会出现在我们的现实生活中？

我们打开了视频监控大联网这个潘多拉的盒子，带来的会是什么？

延伸阅读

伦敦奥运会的视频监控系统

安全是奥运会的头等大事，2012年的伦敦奥运会在技术运用方面更是上了一个台阶。伦敦1 577千米^{2}的范围，部署了50万个摄像头，比世界上任何城市都多，密度也更大，摄像头和居民的比例是1∶14，每人每天平均被拍摄300多次。这些摄像头就像街头窥视的眼睛，通过埋在街道下的光缆，将影像传送到视频监控中心。这一届奥运会的吉祥物独眼文洛克的独眼也是个摄像头，有媒体戏称伦敦真不负“世界监控之都”的称号。在视频监控的基础上，伦敦奥运会大规模使用面部识别技术，通过摄像机现场采集人的面部信息进行比对，在一秒内迅速确认对方身份。早在2011年伦敦骚乱时，伦敦警方就提前启用了计划用于奥运会的人脸识别项目去确认那些还未被拘留的犯罪嫌疑人。

记录身体的运行状态——可穿戴式设备

可穿戴式设备越来越多进入我们的生活，其中生活健康类是目前最为热门的产品，其中的代表性产品包括 Jawbone Up 2、耐克 FuelBand、Fitbit、Lark、Misfit Shine 等。例如：Jawbone Up 2 是一个手环，它采用了低敏性橡胶，佩戴在手腕上非常舒服自然，这个好像手镯一样的东西却有着神奇的功能。它能够全天候监测你的每个动作，包括步数、距离、消耗的热量、活动时间等。然后通过与手机的连接，在应用程序上显示这些数据。通过振动的方式进行提醒。它配合手

机软件让你了解自己的健康。例如：通过分析佩戴者的睡眠情况，Jawbone Up 会在设定好的时间前 20 分钟以内，发现佩戴者处于轻度睡眠的时间点，通过震动将其唤醒。

这些可穿戴式设备最主要的功能就是记录人体运动、睡眠、饮食等各种健康相关数据，通过配套的应用软件，帮助我们调整作息规律，督促加强锻炼，改善我们的健康状况。虽然这些产品外形差别巨大，但都带有 GPS、陀螺仪、加速计等各种传感器，可以测出佩戴者的运动量、消耗热量等数据，并将数据传输到智能手机以及云端。根据美国 2013 年的在线调查，美国超过 10% 的人口正在使用可穿戴式智能设备。可穿戴式技术已经成为科技行业非常热门的市场，目前已经有近 30 家公司正在或计划在这一领域发力，其中大部分都是创业公司。

延伸阅读

可穿戴式设备用于治疗疾病

路易斯维尔市是美国微尘污染很严重的城市，大约有 10 万人患有哮喘病。为此，Asthmapolis 公司、IBM 公司和当地政府携手推出"哮喘数据创新计划"，选出 500 名患者使用 Asthmapolis 传感器。

当患者使用呼吸仪器的时候，传感器实时记录患者的情况，将数据传至患者的智能手机，再通过智能手机传至医生。传感器获得的数据比患者自己提供的数据更准确、更快速。医生接收数据后，借助 Asthmapolis 应用程序，指导患者进行治疗，控制哮喘病的发作。

IBM 借助“哮喘数据创新计划”采集的数据与其他来源的数据，例如 GPS 提供的位置数据，结合当地的空气质量数据、交通状况数据等数据，经过专业的数据分析，探求哮喘病的发病原因，并对疾病暴发区域、时间做出预警。

暗藏玄机的“数据海洋”——电子商务等交易信息

腾讯 QQ、微博、微信等社交网络上汇集了丰富的信息，杂乱无章却又富含“宝藏”，商家会费尽心思获得这些数据，以便更精准地向用户推销产品；金融研究人员关注社交媒体，以便从千万条网民留言中“计算”出人们对经济前景的情绪，从而做出买卖的决定；制造业根据购物网站上的顾客评论，分析竞争对手的产品和自己产品的优劣，做出改进产品的决定；公共安全部门也在密切关注社交网络上的言行，警惕是否会出现“群体行动”……

网民在社交网络上留下的海量信息，记录着他们的思想、情感、行为，深度地反映了信息时代的社会最真实的面貌，提供了很多有规律性的信息，蕴含着丰富的价值。利用大数据技术可以将近乎全民的思想观点汇集起来，对于政府管理和国家治理提供极大的帮助。

随着电子商务在各个行业，特别是零售行业的迅猛发展，交易数据快速增加，同时数据类型也呈现出繁杂多样的趋势。以天猫商城为例，2013 年 11 月 11 日，6 分零 7 秒成交额超 10 亿元，38 分零 5 秒超 50 亿元，8 小时 42 分突破 121 亿元，一天的交易额超过 350 亿元！显示出电子商务业的强劲发展势头。除了商品交易之外，很多服务行业或国家行政部门也加大了网上交易平台建设力度，例如火车票的网上订购、行政事业收费的网上交易等。业务量和业务类型的快速增长带来的是海量的信息数据，大数据处理已经成为影响电子商务进一步发展的主要因素。

电子商务的时代可以划分为 3 个阶段：第一个阶段是用户数为王的时代，在这个阶段电子商务企业的任务都是用最大的努力发展客户，通过收取会员费、广告费等方式来赚钱；第二个阶段是销量为王的时代，各家公司拼命烧钱来实现销售量的增长，用销量换取市场话语权，提升品牌影响力和企业价值；第三个阶段称为数据为王阶段，电子商务公司通过多年的积累，对用户消费行为的分析，可以变成引导消费者与销售者的中介，促进精确化营销的开展，提升平台的价值和客户黏性。

而今，大数据技术为企业利用数据提升市场营销效率提供了新思路：海量的用户访问行为数据信息看似零散，但背后隐藏着必然的消费行为逻辑。哪些产品吸引特定客户群体、哪些手段最具营销感召力、哪些网络广告的受众是高质量的、哪些影响因素才最重要，这些问题的答案就隐藏在用户浏览网页的行为中，通过一个链条把这些碎片信息串联起来，将得到对消费者行为的清晰认识，在此基础上，通过数据挖掘技术将网站内的用户、产品、内容与营销计划结合在一起，就可以使营销变得更准确、更高效、更智能。

现实中，已经有很多电子商务网站正在这么做，例如：用户在网上商城买东西的时候，系统不但记录下了成交的信息，而且还记录、收集了每一个用户的浏览行为，形成了用户的购买习惯、偏好商品的初步数据。当顾客再浏览时，商家就能立即了解到这个顾客以前购买过什么样的东西、浏览过什么样的网页、有什么样的购买偏好，从而为顾客推荐最适合的商品。

电影《少数派报告》中有一个场景，男主人公走进一家商场，电子广告牌立刻就识别出他是谁，喊出他的名字，向他展示他可能需要的商品。在不远的将来，我们将有机会遇到这样的场景。

三 大数据的“藏宝洞”

小故事 敦煌莫高窟的珍宝

敦煌地处丝绸之路的要道之上，又扼河西走廊咽喉，商旅往来如织，在历史上曾经有着辉煌的时代，也曾经是佛教圣地。大约900年前，莫高窟的僧人不知出于什么原因，把千百年来存放在莫高窟的经书、绣像和日常文牍搬进了一座石窟中，然后小心翼翼地封上洞口，把这些珍宝隐藏了起来。随着岁月的流逝，丝绸之路被人遗忘，莫高窟也荒芜了。

1897年，漂泊四方的王道士走进莫高窟，1900年，他在清理积沙的时候，发现了藏经洞。但是，当地的官员、士绅没人重视，只是按照甘肃省府的命令就地封存。1907年，英国探险家斯坦因，装扮成唐玄奘的信奉者，以区区的40块马蹄银买走了整整29个大木箱的敦煌书稿和画卷。当这些珍宝出现在英国博物馆时，立刻震动了整个欧洲！随后，法国、日本、俄国、美国的考古学家先后赶到莫高窟，买走了不同数量的经卷，却没有受到任何限制。

1910年，当朝命官知道了莫高窟经卷的重要价值，但他们不是考虑如何保护它，而是千方百计窃为己有。因此，一时间偷窃成风，敦煌经卷流失严重。

1925年，美国的华尔纳来到莫高窟，以小恩小惠就从洞窟中盗走了大量壁画和彩塑。

莫高窟珍宝的流失，与我们国家当时的衰败处境是分不开的，真是可谓“覆巢之下，安有完卵”。而今，大数据的宝藏就呈现在我们面前，让这些宝藏发挥出应有的价值，是我们这代人的责任。

大数据的“藏宝洞”——数据中心

数据中心机房

维基百科给出的定义是“数据中心是一整套复杂的设施。它不仅仅包括计算机系统和其他与之配套的设备（例如通信和存储系统），还包含冗余的数据通信连接、环境控制设备、监控设备以及各种安全装置”。谷歌公司将数据中心解释为“多功能的建筑物，能容纳多个服务器以及通信设备。这些设备被放置在一起是因为它们具有相同的对环境的要求以及物理安全上的需求，并且这样放置便于维护”，而“并不仅仅是一些服务器的集合”。

一个数据中心占用一幢大楼的一个房间、一层或多层，甚至整栋大楼。大部分设备常常放在具有隔层的机架中。这些机架成排放置，形成一个走廊，这允许人们从前面或后面访问隔层。单个服务器和独立筒仓的存储设备在尺寸上有很大的不同，存储设备要占掉很多块地砖。一些设备，像大型计算机和存储设备常常像它们的机架那么大，并被放在它们的旁边。非常大型的数据中心可以使用集装箱来放置，每个集装箱可以放置1 000个或者更多的服务器；当有维修或升级需要的时候，整个集装箱会被替换而不是维修单个服务器。

数据中心的物理环境是严格受控的：

- 空调控制数据中心的温度和湿度。
- 备份电源由一个或多个不间断电源供应和柴油机组成。
- 为了防止单点故障，所有的电系统元素，包括备份系

统，都是双份的。

●数据中心的一个特征是防火系统，包含被动的和主动的设计元素，以及在业务中防火程序的执行。

●物理安全在数据中心里也扮演着一个大角色。

数据的河流

金融、电子商务、社交网络等大数据，直接通过网络存放到数据中心，那些没有和网络相连的设备，例如：传感器、手机、视频监控、可穿戴式设备等，是怎么把数据传输到数据中心的呢？

（1）传感器

传感器带有信号传输的模块，将采集到的信息压缩编码，然后通过无线电发射出去。由于发射的功率比较小，只能被附近的采集节点收到，采集节点再向更远的地方传送信号，直到传输给数据中心。

（2）视频监控

视频信号要求较高的传输速度，因而，大部分架设在公路、小区出入口、电梯的摄像头等都要通过网络线连接到附近的交换机，然后通过光纤传输到机房。偏远一些的地方，或者不方便铺设网线的地方，只能使用无线宽带网络摄像头。现在电信运营商推出的 4G 无线网络，能够提供下载 100 兆比特每秒（Mbps）、上传 20 Mbps 的传输速率，可以满足 720P 清晰度以上的无线高清监控系统的需要。

（3）可穿戴式设备

运动监测设备、智能手环等可穿戴式设备都有小存储器，可以保存几天的数据，它们一般通过 USB、蓝牙、WiFi 等接口，与电脑相连后，把数据传输给电脑。

（4）手机

老一些的手机只能通过通信信号与基站传输信号，目前大部分智能手机都附加了 WiFi 功能，可以通过无线网络与其他系统连接。我们在微博、微信、QQ 上发表言论，用手机拍的照片、视频，通过电信网络或者无线网络，可以飞快地发送到运营商的数据中心，在朋友们之间传播开。2014 年，国内的三家电信运营商都推出了 4G，手机联网的速度就更快了。

（5）大型野外设备

飞机、野外作业设备、电视信号、遥感测量等的信号，一般通过卫星接收，然后传送给地面接收站。

大数据面临哪些存储问题？

现在我们家庭要用光盘、硬盘保存电影、音乐、照片，一个 2TB 的硬盘，大约可以保存 40 万张照片，或者 100 部高清电影，看上去似乎够用了。但是随着我们在数字时代越走越远，要记录的内容越来越多，目前看似足够的存储空间随时会不够用，以影视光盘为例，20 世纪 90 年代，一张 450MB 的 VCD 存放一部电影；进入 20 世纪，要用 4.5GB 的 DVD 存放一部电影；2010 年，要用 25GB 的蓝光光盘存放一部电影；现在，随着 4K 超高清标准成为新的影视标准，必须有更高的容量来适应新标准。

计算性能和存储容量一直在高速增长，但总是会出现更耗资源、更大容量的应用，伴随着计算机性能不断上升。20 世纪 90 年代初，大家觉得 2MB 内存 + 16MB 硬盘的电脑，已经足够用了。但是到 2014 年，16GB 内存 + 2TB 硬盘才是普通配置。

那么，随着大数据的爆发性增长，数据中心面临着什么样的挑战？

首先，存储容量和扩展能力：数据通常以每年增长 50% 的速度快速激增，而且数据的类型也在不断地增加，如何保存海量数据，而且能够在不停机的情况下实现数据的无缝平滑的扩展？

第二，查找数据：海量数据拥有庞大的文件数量，分布在数据中心的众多存储空间中，如何能快速找到数据？

第三，实时获取数据：为了响应业务需求，必须在短暂的时限内提供数据。例如：要跟踪汽车的行驶轨迹，需要将几个摄像头的数据自动串联起来，这就需要很高的数据检索能力。

第四，并发访问的压力：受欢迎的大数据，例如某段人气爆棚的视频，可能在短时间内产生激增的数据访问量，数据中心如何应对大规模的并发访问？

总而言之，大数据需要非常高性能、高吞吐率、大容量的基础设备。

小知识：

云　盘

随着"云存储"时代的到来，将文件、照片、电影储存在"云盘"，日益受到年轻人的青睐。拥有"云盘"，无论走到哪里，只要有互联网，资料均可随时调取，让你轻松告别U盘。如今的云存储市场上已是战火纷飞，外来的有Dropbox、iCloud、Google Drive与SkyDrive这些巨头，国内则有金山快盘、百度云、360云盘和腾讯微云这些地方豪强。网上的视频，越来越多，很多P2P网站也把视频存储在云盘上，加快共享和传播的速度，以后就不用每个人都准备很多光盘、硬盘来保存自己喜欢的电影了，真正实现想看啥就看啥。

 数据中心如何应对大数据的存储需求?

我们每个人每天都在提供各式各样的数据，全国几亿用户发出来的信息非常庞大，这些信息汇集到Sina、腾讯、阿里巴巴这些企业的数据中心，成为它们必须绞尽脑汁来处理的大数据。这些企业的数据中心往往是数以万计的标准化硬件（服务器和内部服务器存储）组成，并形成集群。随着数据种类增多、数据量飙升和实时分析大数据的需求，数据中心被迫不断推出新的技术架构以应对这种变化。那么，这些数据中心是如何存储数据来并行处理大数据请求的呢?

第一，大数据包含了大量的非结构化数据，诸如图片、音视频、邮件、社交网络数据等，由于这些数据缺乏一致性、增长速度快，传统的结构化数据库和 SAN（Storage Area Network，存储网络）存储方法无法有效处理。Hadoop 的分布式文件系统（HDFS）是存储这些大数据的手段，HDFS 将大数据分拆成小部分，创建多个数据块副本，每个数据块分散存放于集群内的不同服务器之中。在用户访问时，HDFS 会找到最近的和访问量最小的服务器，提供给用户。由于数据块的每个复制拷贝都能提供给用户访问，而不是从单数据源读取，因而，HDFS 提供了方便可靠、极其快速的服务能力。

第二，为应对数据量的快速增长，HDFS 将文件的数据块分配信息存放在 NameNode 服务器之上，文件数据块的信息分散地存放在 DataNode 服务器上。当需要扩充时，只需要增加 DataNode 的数量，系统会自动地将新的服务器匹配进整体阵列之中，而后，分布算法会自动将数据块搬迁到新的 DataNode 之中。于是，在不停止系统服务的情况下，就实现了分布式文件系统的实时扩容。

第三，HBase 是一个面向列的分布式数据库（传统的结构化数据库是列式数据库，无法实现数据的横向扩展）。当数据量累积到一定程度时，HBase 会自动对数据进行水平切分，分配到不同的服务器中，这样就可以随时扩大容量。由于数据被水平切分并分布到多台服务器上，当大量用户访问时，访问请求会被分散到不同的服务器上，因而能够快速响应访问要求。另外，HBase 建立在 HDFS 之上，因此即便一个数据存储器坏了，系统照样能把数据恢复回来（还记得前面说的 HDFS 有多个副本吗？）

第四，对于数据本身，也有很多算法来缩小数据的存储量，例如：数据压缩方法、设置存储期限等，比较典型的就是视频大数据的存储，为了应对每天源源不断产生的视频数据，研发人员不断提出新的压缩算法，不断地将数据压缩到原文件的 1/5、1/8、1/10……另外一个办法，就是将视频中重要的内容或者片段抓取出来，这样也可以减少存储空间。

第五，存储大数据的目的是为了应用，为了满足更快和更强大的数据分析需求，需要采用不同的策略和存储工具。一般而言，大数据分析是"一次存储，多次调用"，因此为了提高获取数据的效率，要按照快速访问的需求来制定数据存储的策略，例如：哪些数据存放在固态硬盘上，哪些数据存放在传统磁盘上。还有，不同类型的数据，其生命周期也是不同的，根据数据类型和生命周期来进行存储资源分配，也能够提高访问数据的效率。

第六，硬件厂商也在不断提供新的存储方式，例如固态硬盘（SSD）、闪存技术（SLC 和 MLC）和固态卡带等，都比传统磁盘做得更好。集群存储可以实现像搭积木一样的简易扩展性，提高并行或分区 I/O 的整体性能，比传统 NAS（Network Attached Storage，网络附属存储）和 SAN 更适合大数据的存储，特别对应工作流、读密集型以及大型文件的访问。

2 大数据的加工场——云计算

 云数据中心能提供的服务

云计算对比传统的信息系统建设模式的变革，就好比是自家的厨房与自助餐厅的差别：我们每个家庭的厨房都要准备齐全的工具，要自己买菜、做饭；而去自助餐厅，食物都已经准备好了，我们想要什么就自己选，不用关心菜的采购、做菜的过程，而且需要多少，随时就有供应。

没有云计算之前，我们搭建信息系统，需要购买服务器、中间件、开发软件等一堆基础设备。云计算改变

了我们必须先采购一大堆物理设备的信息系统建设模式。云数据中心把成千上万台服务器整合起来，利用一整套管理和运行机制，保证机房环境、网络连接、计算机设备的正常运转调配，向用户提供虚拟化的计算机设备。我们接入网络，租用这些设备，就像我们真的拥有这些设备一样了。

云计算还不只是提供虚拟设备这么简单，云计算最显著的变化就是把自底向上自建系统的模式改变为使用标准化的服务，例如：以往我们要考虑产品兼容性、运行可靠性、数据备份等问题，而在云数据中心，运营商会把这些问题都提前处理好。用户可以完全不用操心后台，就有充足的计算能力（像水电供应一样）可供使用。

云计算的另一个改变就是把复杂的技术包装起来，提供给用户简便的服务。目前，大型的云数据中心，例如：亚马逊（Amazon）、微软等提供的云服务平台，提供的不仅仅是虚拟的计算机和存储空间，而且还提供数据库、开发工具等产品，方便开发应用系统。以往的数据分析和展现，需要掌握专门的数据处理技术，编写复杂的程序，才能把数据分析的结果形象化地展现出来，因而只有专业技术人员才能完成这样的任务。而云服务平台上的大数据分析工具，把复杂的技术隐藏在背后，用户只需要掌握基本的处理方法，就可以调用这些工具完成数据分析和展现工作。

更进一步，有些针对行业应用的云数据中心，例如：电子商务等行业，还提供针对该平台的技术支持服务，甚至为用户提供应用系统开发、底层服务接口、系统优化等服务。由于云数据中心的运营商最了解他们的基础平台，所以能够保证建立在上面的业务应用系统提供长时间、稳定的运行支持服务。

云计算是大数据的处理平台

测绘、天文、气象、科研、金融、证券等行业，很早就出现了大规模数据，为了处理这些数据，除了要建设庞大的机房，配备昂贵的中小型服务器外，还要编写专门的软件进行复杂的处理才能完成任务，因此，只有少数专业人员才会接触这么复杂的数据处理工作。

数据中心，在云计算技术的推动下，正在积极改变原来的技术架构。由数以千计标准化的 PC 服务器构成云计算和云存储环境，在云管理平台的统一调度下，提供虚拟化、弹性扩展、按需而变、高可用性等服务能力，以适应新的业务需求。特别是大数据的爆发性增长，需要推出相应的计算、存储、网络和运营架构，数据中心也在不断引入新的技术变革。例如：以往数据中心都是由昂贵中小型服务器组成，只有专业的研究机构和大型企业才付得起使用费。云计算技术将成千上万台普通 PC 服务器组织在一起，可以支撑大规模的复杂计算任务，费用却大幅下降，因而很多中小型企业也可以租用云数据中心提供的服务——可以只租用几台虚拟服务器和存储空间，只按照租用的数量和时间付费。

云数据中心具有 3 个显著的特点：一是超大规模，由数以万计的服务器组成，可以同时支持千万级用户访问和承担大规模的并发任务；二是按需而变，既可以把一台服务器拆分成数台虚拟机供数个用户共同使用，也可以将成千上万台服务器资源或者存储资源集合在一起，利用分布式计算技术完成一项大型的复杂任务；三是弹性扩展，可以配合应用需要，快速、灵活地调配资源，支持临时的项目需求，完成后马上就可以释放资源给其他业务使用。这是传统的数据中心所不具备的能力。

大数据技术诞生于云计算环境，它采用分布式计算技术，将复杂的数据处理工作给很多廉价的PC服务器处理分担，解决了以往中小型服务器才能处理的复杂问题，使得大数据进入日常应用。例如，研究机构要查找证券交易中的违规操作，每天的交易数据通常都超过10GB，处理过程中需要的存储空间和计算量非常巨大，一般机构不可能为了几个月才做一次的事情采购这么大量的设备，而云数据中心可以调配出上万台服务器和存储设备，将计算工作分配到每台服务器上进行，很快就能得出结果，然后就把服务器“释放”回数据中心。这样就大大降低了解决问题的成本。

很多机构使用大数据的目的是为了从浩如烟海的数据中寻觅有价值的商业情报应用，所以要求能够实时处理大数据，比如，在高速公路出入口查验车辆是否套牌车，就必须在车辆停留的两三秒内完成处理操作；再比如，金融市场的交易，如果业务员能够从数量巨大、种类繁多的数据中快速挖掘出相关信息，就能帮助他们领先于竞争对手做出交易的决定。

云计算和大数据的结合，让企业可以随时获得强大的计算和存储能力，为解决社会和人们的日常生活中的一些大数据问题提供了良好的基础环境。以往只有专门机构才能处理的交通预测、灾难预警、图像识别等问题，普通企业也可以处理了，大范围的普及应用促成了大数据技术落地。

云计算和大数据是相辅相成的两种技术，云计算着眼于“计算”，提供 IT 基础架构，看重的是计算能力；而大数据着眼于“应用”，提供解决数据问题的能力。

没有大数据的信息积淀，云计算的计算能力再强大，也难以找到用武之地；没有云计算的处理能力，大数据的信息积淀再丰富，也终究只是镜花水月。

四 在大数据金山里“淘金”
买进还是卖出？大数据给出最佳建议。

小故事 以史为鉴，可以知兴替，以人为鉴，可以明得失

泱泱大唐，创造了绚烂辉煌的文明，引得无数后来者追忆盛唐风采。而盛世开创者之一的唐太宗李世民，也留下了许多意义深远的故事，其与直言敢谏的魏征的关系尤其令人称道，一句“夫以铜为鉴，可以正衣冠；以古为鉴，可以知兴替；以人为鉴，可以明得失”，成为传世名言。这句话告诉人们：用铜制成的镜子，可以照见衣帽是否端正；用历史作为镜子，可以参照政治的兴衰；用别人作为镜子，可以知道自己的成绩与过错。过去的历史将为当下的人们提供前行的方向指引。

随着千年光阴流逝，物换星移，大数据闯入我们生活、工作、娱乐的每一个角落，带来的以网络为中心、互联、

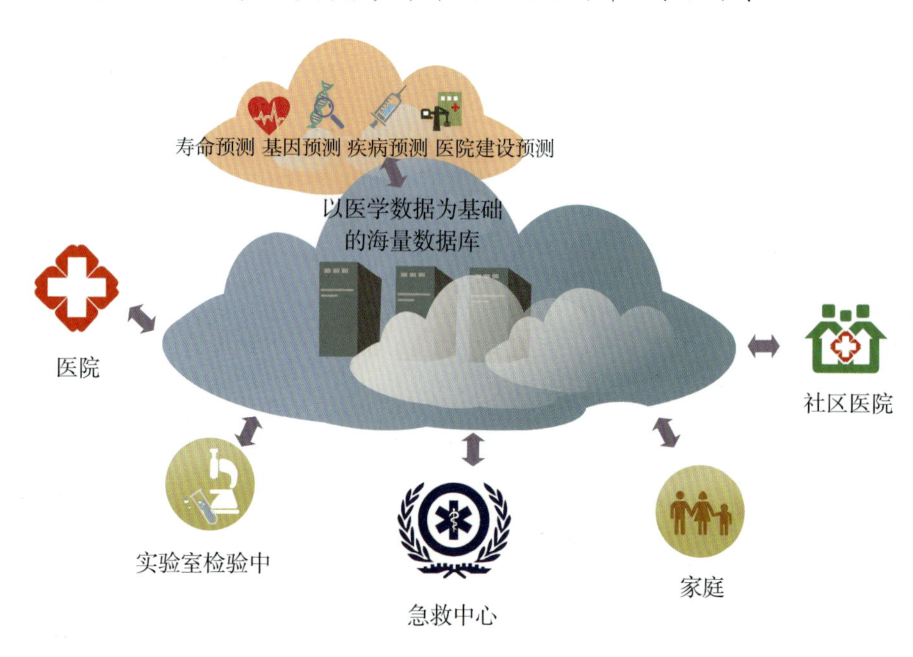

开放、平等的特性，成为“可以知兴替”的新载体。借助技术工具，充分发挥大数据容量大、种类多、蕴藏丰富内容等特点，“以数据为鉴”，通过数据认识世界，预测未来的发展方向，从而优化我们的工作、生活和娱乐。

数据的加工厂——数据处理平台

大数据星罗棋布于各个领域，不同的数据、不同的业务会有不同的处理要求，因而大数据分成很多不同的处理技术。那么，处理非结构化数据需要什么技术，处理海量结构化数据又得运用哪种技术，需要即时处理的场景该怎么办呢……下面，我们就一一解开这些问题。

Hadoop——大数据的基石

Hadoop 是处理大数据的默认标准，它是 2003 年由 Apache 基金会根据 Google 关于 MapReduce 的学术论文研发出来。凭借其开源和易用的特性，目前已成为大数据时代最耀眼的主角，几乎后续所有大数据分析产品都是以 Hadoop 为其技术内核，Hadoop 俨然已经是大数据时代数据处理的首选，你可以把它简单理解为下一代数据分析产品［或者也可以称为下一代商务智能（BI）技术］。如果提起 Hadoop 你的大脑是一片空白，那么请牢记：Hadoop 有两个主要部分，一个数据处理框架 MapReduce 和一个分布式数据存储文件系统 HDFS。

首先，我们来说一说 MapReduce。

MapReduce 采用“分而治之”的思想，将对大规模数据集的操作分为 Map（映射）和 Reduce（化简）两个阶段。Map 即“分解”，把大数据集分解为成百上千个小数据集，每个（或若干个）小数据集被分配到不同的处理器上进行处理并生成中间结果；Reduce 即“合并”，把各台处理器处理后的结果进行汇总操作以得到最终结果。如下图所示，如果采用 MapReduce 来统计不同几何形状的数量，它会先把任务分配到两台处理器上，由两台处理器分别同时进行统计，然后再把它们的结果汇总，得到最终的计算结果。

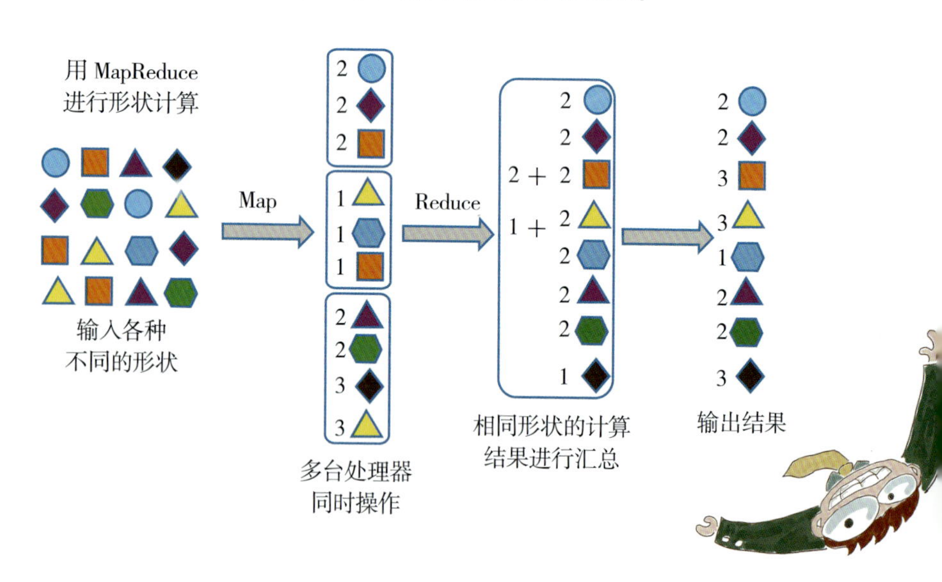

有这样一个通俗易懂的例子帮助我们更好地理解 MapReduce 的工作原理：假设我们想用薄荷、番茄、辣椒、大蒜自制一瓶番茄辣椒酱，Map 过程——我们需要把番茄、辣椒和大蒜切碎，给 Map 一个番茄，Map 就会把番茄切碎，同样的，我们把辣椒、大蒜一一地拿给 Map，也会得到各种

蔬菜碎块。Reduce 过程——我们将得到的蔬菜碎块都放入研磨机里进行研磨，就能得到一瓶番茄辣椒酱了。

MapReduce 在处理大规模数据时，能够将很多烦琐的细节隐藏起来，这样极大简化了专业人员的开发工作；MapReduce 还具有很好的扩展性和可用性，通过大量廉价服务器就能实现大数据的并行处理，对数据一致性的要求也不高，特别适用于含有海量的、类型多样化的数据分析任务，例如：数据分析、商业智能分析、客户营销、大规模索引等。

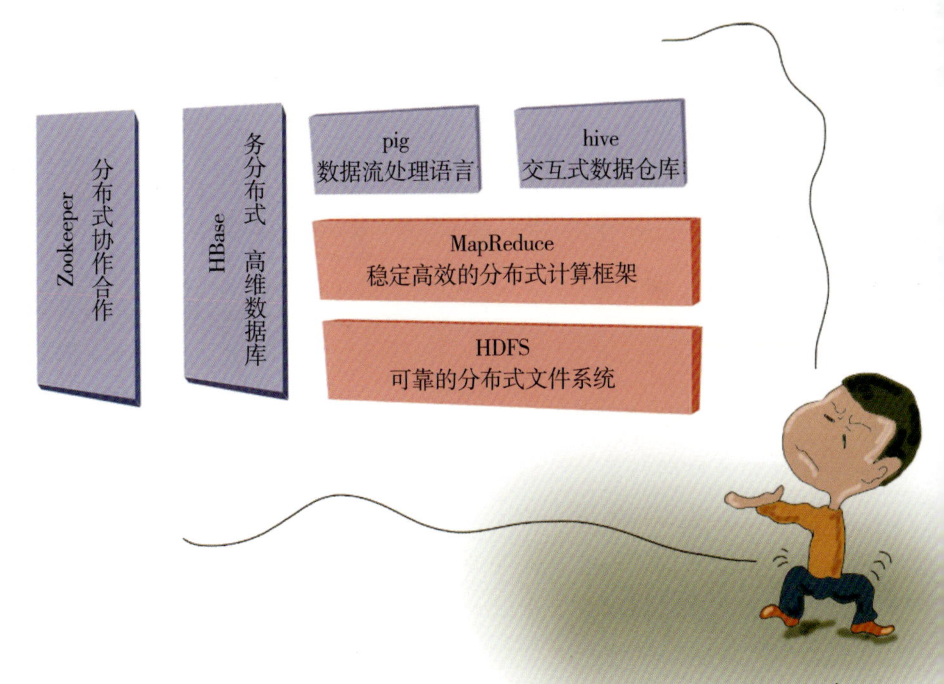

Hadoop 是一个实现了 MapReduce 思想的开源软件，大致可以认为：Hadoop=HDFS（分布式文件系统）+ HBase（数据库）+ MapReduce（数据处理）。从技术上看，分布式文

件系统（HDFS）提供了可靠的大数据分布存储服务；HBase是一个分布式的、面向列的开源数据库，适合于存储非结构化数据；MapReduce 框架使得应用程序能够运行在由上千个商用机器组成的大型集群上，并以一种可靠的容错方式并行处理上 TB 级别的数据集。

Hadoop 运行在服务群集或者云数据中心，实现基于云计算的分布式、并行计算和存储，具有很好的处理大规模数据的能力。管理人员可以随时添加或删除 Hadoop 群集中的服务器，Hadoop 系统会检测和补偿任何服务器上出现的硬件或系统问题。用户可以在不了解分布式底层细节的情况下，轻松地在 Hadoop 上开发和运行处理海量数据的应用程序。

由于Hadoop系统具有低成本、高可靠、高扩展、高有效、高容错等特性，很快成为最流行的大数据分析工具。

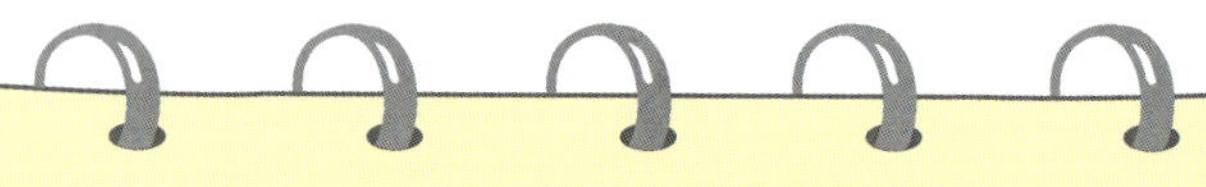

小知识：

开 源 软 件

开源软件（Open Source Software，OSS）是一种源代码可以任意获取的计算机软件，这种软件的版权持有人在软件协议的规定之下保留一部分权利并允许用户学习、修改、增进提高这款软件的质量。开源软件被定义为描述其源码可以被公众使用的软件，并且此软件的使用、修改和分发也不受许可证的限制。

互联网的普及，将原来分散的开发人员聚合在一起，只要有一个合适的基础和好的框架，例如：Eclipse、JBoss、

MySQL、Subversion、Glassfish 等，他们就可以开发出产品级的工具软件，从而开源成为一种趋势。

开放源码软件主要被散布在全世界的编程队伍所开发，但是同时一些大学、政府机构承包商、协会和商业公司也开发它。现在有几百种成熟的 OSS 产品被广泛使用。一些最著名的 OSS 包括：Linux、Perl 语言、BSD SendMail 等。

MPP——结构化大数据的处理

银行每天产生的转账记录，证券公司每小时都在产生的交易数据，电信公司每分钟记录的通话信息，都是以千万来计算，这些行业都是最早采用计算机的行业，它们的数据基本上都是结构化数据，而且主要数据的结构很单一。为了应对每天产生的海量数据，不得不采用昂贵的中小型服务器等设备。很多人都知道，深入分析交易数据，可以追踪"洗黑钱"的途径，发现是否有人在操纵市场，针对用户的偏好调整服务策略等。但是，这些有价值的事情，由于数据的体量太大，传统的数据库处理技术很难完成这么复杂的工作，或者要花费很长时间来计算。

Hadoop 系统更擅长处理非结构化数据，而 MPP 系统（大规模并行处理系统）为处理这类海量的结构化数据提供了新的途径。传统的处理方法一次性完成千万级的海量数据的加载、分析等操作，可能需要 1 分钟才能完成；如果只处理百万级的数据，可能只需要 1 秒就可以完成，由于海量的结构化数据具有相同的结构，显然用十台计算机分担千万级数据分析任务，可以大大提高处理效率。

MPP 就是这种解决问题的思路：MPP 系统由许多松耦合计算单元组成，每个单元都使用 X86 PC 服务器，使用服务器自带的本地硬盘存储，安装操作系统和管理数据库的实例副本；由于海量的数据都是相同的结构化数据，MPP 系统将任务并行地分散到多个服务器和节点上；在每个节点上计算完成后，将各自部分的结果汇总在一起得到最终的结果。

MPP 的这种技术架构通过将大数据的存储和处理功能分布负载到多个服务器节点，拥有极高的横向扩展能力、内在故障容错能力和数据高可用能力；由于 PC 服务器的价格远远低于小型机的价格，能大大降低每 TB 数据的投资成本，使得大数据技术可以解决日常生活的问题。

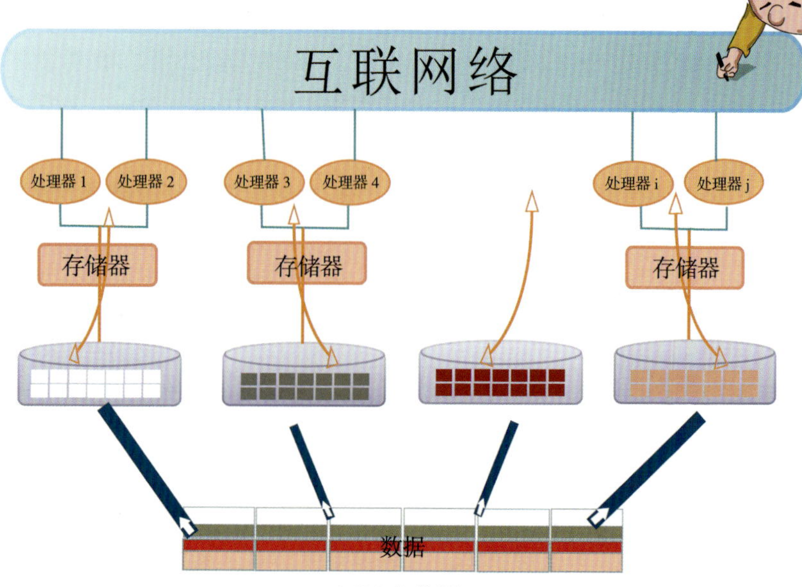

MPP 架构图

 "流"处理——即时数据的神速反应

某一天，你被安排了一个任务，拿着一张照片去火车站接人。面对着不断涌来的人流，你必须高度紧张地"扫描"人群中的每张脸是否符合照片上的特征。如果给你 10 个人的照片，让你去接 10 个人，是不是感觉要崩溃?

我们虽然在很早之前就在计算机中实现了人脸识别技术，但主要是针对静态图像或者小范围的人群，要从持续的视频中辨识多个人——例如通缉犯，处理每帧视频所耗费的时间要远远大于视频更新的速度，因此无法满足实时搜索的要求。

流处理技术就是解决这种问题的一种大数据处理技术，它针对的就是持续不断产生的信息，就像流过来的水一样，必须在流过的瞬间处理完毕。流处理技术不像传统数据处理方法那样把数据存储在硬盘中，而是直接把数据放入内存（因为不打算保存），上次的处理结果会作为中间数据保留下来，不需要每次都处理所有的数据，这样从数据流入到获得结果，只需要百万分之一秒，也就是每秒能够计算十万到百万的数据。

例如：在城市中部署了大量摄像头，要利用视频图像搜索通缉犯，不但需要人脸识别技术，而且必须能够应对持续"流"过来的视频图像。假如要比对 100 个通缉犯，每秒采样一次视频图像，每台计算机每秒能够比对 1 个人的图像，比较典型的一个流处理方法，就是把图像分给 100 台计算机，每台计算机负责从图像中搜索特定的人，当发现符合的人像时，就向上级汇报。由于把搜索工作分散到众多计算机中处理，每个计算机只执行特定的搜索任务，不处理保存数据等

额外的工作，因而几乎可以立即做出判断，实现实时处理。

流数据处理特别适合于处理这种马上出现就要处理完毕的大数据。受硬件要求的限制，以前只有金融、证券等行业才会使用流数据处理技术。当大数据和云计算技术结合在一起，将高强度的计算任务分担给云数据中心来处理，使得流数据处理技术进入了很多行业领域，例如：社交网络的用户行为分析、在高速公路识别车辆、电子商务中的销售策略等情景。

2 大浪淘沙的工具——数据挖掘

数据挖掘是指通过特定的算法对大量的数据进行自动分析，从而揭示数据当中隐藏的历史规律和未来的发展趋势，为决策者提供参考。数据挖掘又称数据库中的知识发现，是目前人工智能和数据库领域研究的热点问题。目前进行数据分析常用的方法主要有分类、回归分析、聚类、关联规则、特征、变化和偏差分析、Web 页挖掘等，它们分别从不同的角度对数据进行挖掘。

数据挖掘实际上是一种决策支持过程，主要基于人工智能、机器学习、模式识别、统计学、数据库、可视化技术等，高度自动化地分析企业的数据，做出归纳性的推理，从中挖掘出潜在的模式，帮助决策者调整市场策略，减少风险，做出正确的决策。

 数据分析——更清楚地认识世界

以前我们在看体育比赛的时候，只能看到进多少球、犯规多少次等简单的数据，现在我们经常可以看到屏幕上出现每个球员的传球准确率、得分点分布等更深入的数据。而且，我们看到有些教练边看比赛边在平板电脑上比比画画，然后去指导球员。这背后，就是大数据分析在发挥作用。

2011 年有一部电影《点球成金》（*Moneyball*），讲的就是利用数据分析成功赢得比赛的故事：一支名叫奥克兰运动家的棒球队，一直处于联盟下游，也没有钱去雇佣顶级球员。后来，他们请了一位数学家，这个数学家通过对很多球员和球队的分析，让球队找了一些不是很出名的但是却有独特优势的球员，在比赛过程中，他们基于对球员的数据分析，按照对手派出的球员，有针对性地选用己方的球员和推出战术策略。于是在接下来的比赛中，他们连续战胜了其他薪资总额比他们多上数倍的大球队，获得了许多胜利。

现在，几乎每个球队都已经把数据分析作为重要的获胜手段了：从买球员开始，球队很清楚简单地花最多的钱买最好的球星并不是好主意，而是会全面分析球员的数据，然后

放到球队中，考虑与团队能否有效融合；在比赛前，数据分析帮助教练研究对方的进攻套路和防守模式，制定应对的策略；在赛场上，通过传感器和雷达，采集每名球员的跑动距离、擅长攻击的位置、防守的弱点等数据；比赛中，针对对手的策略和场上队员的情况，数据分析帮助教练判断球员的状态和弱点，变换进攻和防守的战术。

在其他领域，数据分析也在发挥着作用：

● 苹果公司 CEO 史蒂芬 · 乔布斯在患癌时，对自己的肿瘤及全基因谱进行了测序，以便制定更准确的治疗方案。虽然乔布斯没有能够最终战胜癌症，但是基因测序已经渐渐走进了日常医疗的范围。

● 2011 年，日本麦当劳的“超值优惠手机网站”有 2 600 万会员，麦当劳通过对每位顾客的购买记录进行细致的分析，根据顾客的消费模式，向顾客的手机上发送个性化的优惠券。

● 我国的宏观经济数据，历来会出现各省上报的统计数据与中央统计数据差异较大的现象。其实在微观按照大数据的思维，我们很容易就

发现统计数字中的问题，例如：通过电能消耗数据，可以总体判断工厂的开工情况。如果把企业的经营数据直接上报到中央，形成全国的经济大数据，而不是逐层上报，国家对经济形势的判断会准确很多。

 数据聚类——大数据的“拼图游戏”

大家都知道盲人摸象的故事，每个人摸到了不同的部位，就以为大象就是自己摸到的那个样子。虽然我们都会嘲笑盲人的愚昧，但是在现实世界，我们经常会犯下只看到了事物的部分就以为了解全貌的错误——因为现在的世界太过复杂，而我们又太忙，所以往往只能了解部分信息。大数据技术可以将众多的相关信息汇集到一起，当分散的数据被联系起来的时候，会形成全维数据，反映事物的全貌，帮助我们发现以前无法察觉的真相。

大数据并不见得是大容量的数据，很多容量小、种类繁多而又相关的数据，汇聚在一起时，往往超出了传统数据库的处理能力，这些也是大数据。大数据也不仅仅是计算机技

术，创新性地看待事物的方法，也是大数据思维的重要部分。例如，2006 年，美国把 20 多年的犯罪数据和交通事故数据映射到同一张地图上后惊奇地发现，无论是交通事故和犯罪活动的高发地带，还是两者的频发时段，都有高度的重合性。这引发了美国公路安全部门与司法部门的联合执勤，通过共治数据“黑点”，交通事故率和犯罪率双双降了下来。

小数据只要在时间线上有一定的积累，在空间线上有细致的记录，再与其他领域的数据汇集在一起，采用新技术或者新手段，也能发现有价值的信息。这有点像拼图游戏，将相关事务的多源数据整合在一起，我们就可以形成事务的全貌，由于计算机具有强大的收集数据和对比数据的功能，可以大大减少人工查询的工作量，使得形成“全息”成为可能。

延伸阅读

早产儿的安全问题

在加拿大，研究人员针对早产儿的安全问题，正在开发一种大数据技术，以便能在明显症状出现之前发现早产婴儿体内的感染。通过把包括心率、血压、呼吸和血氧水平等多种生命体征转化成每秒 1 000 多个数据点的信息流，他们已经能够找到极其轻微的变化与较为严重的问题之间的相关性。最终，这项技术将使医生能够提前采取行动，从而拯救生命。

 预测——未来就在眼前

有句形容秘密的话是“天知地知，你知我知”，但是，在大数据时代，人类活动却是“处处行迹处处痕”：电子邮件、通话记录、信用卡支付账单、博客、GPS，以及分布在各个角落的摄像头……大多数活动都被记录下来，它们汇总成统一的数据，用来捕捉普通人的实时活动并归档，形成了浩瀚的人类个体活动数据库。分析这些数据就可以得出结论：人类大部分行为具有很强的规律性，其可预测性甚至与自然科学不相上下。例如：亚马逊公司采集了顾客每次访问网站的行为，根据这些记录，可以推断出用户的偏好，从而为用户推荐商品。

大数据最终的应用领域之一就是预测，从大数据中发现规律，建立科学的模型后，便可以通过模型带入新的数据，从而预测未来的变化。例如，对于银行来说，正确地预计消费者的需求，并及时组织好可匹配的产品与服务，响应客户的需求，对于留住客户非常重要。银行可以根据客户以往的消费记录，尤其是与金融产品直接相关的消费记录，以及目前所持有的银行产品的使用情况建立数据收集模型，通过一定时间的数据收集和分析之后，便能为银行下一步的产品策划与营销提供翔实的数据参考。银行还可以把众多客户的行为进行归类，发现客户“逃离”时的变化规律，当某个客户的行为出现“逃离”倾向时，采取措施挽回客户。

预测，是大数据应用的主要目的。很多机构已经在抓住大数据的机遇，取得了开创性的成果：

● 通过分析谷歌查询有关房地产的数量和实际地产情况，可以更准确地预测房地产市场，这要比任何团队的专家

的房地产预报都有效。

●美国一个最有名的计算机专家开发了推测网页上机票价格的系统——Farecast，这个预测系统建立在将近 10 万亿条价格记录的基础上，通过采集网站上的美国国内航班的价格，针对价格波动的规律，预测某个航班的机票价格在未来一段时间内会上涨还是下降。Farecast 票价预测的准确度已经高达 75%。

●在农业领域，硅谷有个气候公司，从美国气象局等数据库中获得几十年的天气数据，将各地降雨、气温、土壤状况与历年农作物产量的相关度做成精密图表，预测农场来年产量，向农户出售个性化保险。

●纽约警察局将历史犯罪记录和地图结合在一起，对诸如历史犯罪模式、发薪日、体育活动、降水及假日等变量进行分析，发现了犯罪的基本规律，在打击犯罪方面取得了显著的成效。美国全国的警察局都在使用这个方法，预测可能出现的犯罪"热点"，并在那些地方预先部署警力。

优化——让一切更美好

大数据最显著的效益，体现在帮助各个行业改进生产方式，降低经营成本，提升服务效率，甚至改变产业的形态。

拿我国各大城市都面临的交通拥堵问题为例，传统的解决问题的思路，一般是加大基础设施投入，即加宽道路、增加道路里程来提高交通通行能力，但在城市有限的空间中已经很难再施展，有些地方限制上牌来降低车辆的增长速度，有些地方还提出收入城费、拥堵费来抑制用车。

根据美国洛杉矶研究所的研究，通过组织优化公交车辆和线路安排，在车辆运营效率增加的情况下，减少46%的车辆运输就可以提供相同或更好的运输服务。我们还可以对比，香港、东京的交通密度比国内任何一个城市都高，街道也窄小，但是却不会出现严重的堵塞，这就说明如果合理调整城市的交通布局，是可以缓解交通拥堵问题的。

大数据技术为解决交通拥堵问题提供了一个思路：通过大数据技术全面采集车流和人流的信息，例如，在道路预埋或预设传感器采集车流信息、提取出租车和公交车的GPS信息、采集个人的手机定位信号等方式，提炼形成城市的交通模型，计算改变路网结构，搭建高架路，调整交通信号间隔等措施后的交通运行状态，验证技术方案的可行性。由于改变交通设施的工程投资巨大，采用大数据技术有助于降低投资的盲目性。

利用大数据的优化业务才刚刚起步，将来会影响到各个领域，带来长远的变化：

●我国正在通过"973""863"等重大专项计划，开展下一代互联网与能源融合的相关技术的研发，试图通过对电网大数据的分析，获取用户如何用电、怎样用电的信息，来优化电的生产、分配以及消耗，向智能电网转型，改善分布式可再生发电的资产预报与调度，提高发电效率以及改变客户运营模式。

●美国有家公司宣称要打造"数据驱动型"农场，它在加利福尼亚面积位于 2 000~2 万英亩（1 英亩≈ 0.4 公顷）的 4 块农场上收集数据，并建立相应的数据模型，将收集到的数据用来帮助农户优化作物的水源以及营养供应。

●电子游戏产业更是利用大数据的高手，例如，EA 公司在全球范围内拥有超过 20 亿的视频游戏玩家，每天，该公司都会产生大约 50 TB 字节的数据。其中，留下了游戏玩家们所有的记录，包括玩了多久、与谁在玩、玩家之间是如何相互配合的、在虚拟产品上花费了多少……这些数据让设计者很清楚该如何去改进游戏，吸引更多人来玩。这就是游戏为什么越来越好玩的原因。

3 大数据的智能化——人工智能

在互联网时代，很多人乐于把自己想法整理成知识，而且无私地奉献出来，这些宝贵的知识财富，都是用自然语言来编写的，有些有一定的格式，便于分类、整理和查找。

随着社交网络和移动互联的发展壮大，发布和分享变得越来越容易和实时，可以说人人都在参与写作，使得大数据的规模出现爆发性增长，这些自由发表的海量内容也稀释了有价值的信息。这么丰富的内容的集合，该如何整理？如何将数据、信息转化为知识？

会学习的"机器人"

时下兴起的机器学习，凭借的是计算机算法，但和数据挖掘相比，其算法不是固定的，而是可以按照实际情况调整的。也就是说，它能够随着计算、运行次数的增多，即通过给机器"喂取"数据，让机器像人一样通过学习逐步自我提升改善，使挖掘和预测的功能更为准确。这是该技术被命名为"机器学习"的原因。也是大数据被称为革命性现象的根本原因。因为从本质上来说，它标志着我们人类社会在从信息时代经由知识时代快速向智能时代迈进。

机器学习的算法是从数据中学习，数据越多，机器学得就越多。新一代的智能助理，它们能够从经验中学习和推理，并听从指令完成特定的任务。

延伸阅读

Watson 在知识竞赛中击败人类

美国著名的电视智力竞赛节目"Jeopardy!"从1964年开办至今，该比赛采用自然语言问答的形式，内容涉及历史、文学、艺术、流行文化、科技、体育、地理、文字游戏等各个领域。2011年2月，IBM公司推出了一台超级计算机“Watson”，它在“Jeopardy!”中战胜前几届的冠军——那些可是精通“Jeopardy!”玩法的专业高手，将人工智能提升到了一个新的高度！

Watson是如何取得成功的呢？

1. 硬件部分

为了在短短几秒之内找到答案，Watson将包含2 800个处理器的90台服务器组合在一起，体积相当于10台冰箱。基于强大的硬件优势，Watson将处理工作分解成数千个并行的任务，使得3秒内能够完成回答问题的整个过程。

2. 知识的采集

Watson本身是一个基于大数据分析的产品，它“读取”大量人类的知识库，包括数以千万计的百科全书、报纸、书籍等等。为了使Watson能够理解问题，IBM公司的工程师们将这些知识转变成机器可以搜索的规则，以便于Watson能够分析出哪条知识最符合问题。

3. 问题识别部分

要知道，“Jeopardy!”是用自然语言来提问的，回答问题的过程往往都需要复杂的推理过程，例如问题：“首次播出《60分钟》节目时，美国总统是谁？”

Watson的计算过程如下：①“首次播出”是什么意思；②“首次播出”的相关日期；③《60分钟节目》首次播出的日期；④当时的美国总统是谁。

为了能让Watson理解问题，将“Jeopardy!”的问题设计成2 500种模式，将数百项语言处理程序汇集起来，利用“Jeopardy!”以往的570万个问题样本进行验证，不断地改进Watson回答问题的准确性。

4. 问答系统部分

Watson从知识库中搜索，抽取出可能的答案，以样本库为标准，计算出每种答案的可信度，然后综合各种渠道的信息，给出最高可能性的答案。

5. 回答问题的策略

除了搜索知识，Watson还会根据场上的形势来决定回答问题的策略，它会抢答准确率高的问题；当它领先时，它就不回答可信度不高的问题；而当它落后时，它就选择冒点险，积极抢答。

在决赛那天，Watson回答正确66个问题，答错了8个问题，战胜了人类最优秀的选手。

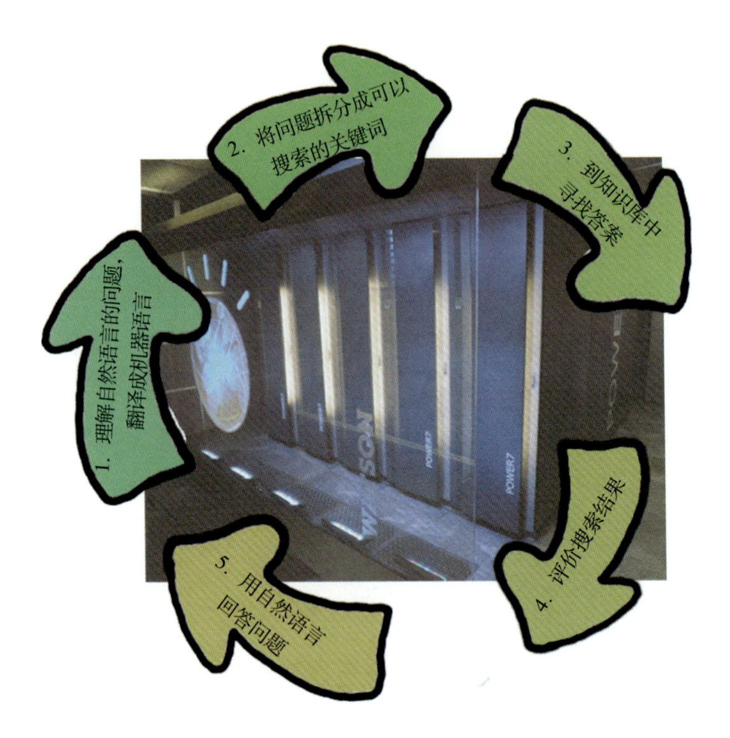

自然语言处理

所有生物中，只有人类才具有语言能力，语言是人类区别其他动物的本质特性。人类的绝大部分知识都是以语言文字的形式记载和流传下来的。以往无数的科学家都在想办法让计算机代替人的工作，但是一直没有太大的进展，大数据技术的出现，给人工智能带来了新的进展。

很早就有科学家在研究如何利用机器实现两种语言之间的翻译。他们的想法基本上都是：研究语法规则，形成计算机可以处理的组合条件；翻译时，把原始语句拆解成一段段词汇，再让机器按照翻译规则形成目标语言。但是，经过几十年的努力，虽然在某些领域获得了很大的进步，但是机器翻译的效果始终不能达到令人满意的效果。

其中很重要的一个原因在于：语言不只是由规则组成，还与特定的语调、情景、环境有关系，而且词汇还有歧义，科学家们无法教会机器理解这些复杂的东西。

大数据时代，通过计算机的训练集，可以正确地推算出英语词汇搭配在一起的可能性。这个庞大的数据库，使得人类在自然语言处理这一方向取得了质的突破和飞跃式发展，而自然语言处理是语音识别系统和机器翻译的基础。着重于以大数据和统计的方式入手，翻译系统会不断地调整翻译结果的相关性并自我学习如何处理数十亿的文字。通过这种方式，计算机最终能不断优化翻译结果。以大数据方式做翻译的一个好处是，翻译系统会随着数据的积累而不断地改善，尽管翻译系统仍然远远无法做到像人工翻译那么精准，翻译结果仍然只能帮助人们对陌生语言进行大致上的理解。

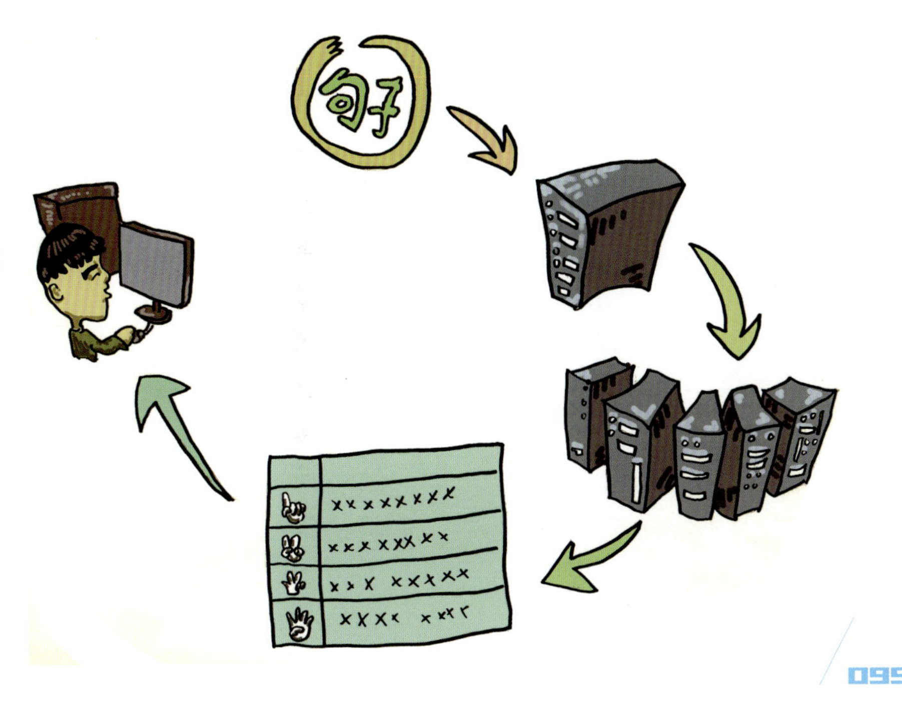

社交网络的分析

麻省理工学院的经济学家 Erik Brynjolfsson 说，要想领会大数据的潜在影响，你得看看显微镜。发明于 4 个世纪之前的显微镜，使得人们以前所未有的水平观看和测量事物——细胞级。这是测量的一次革命。Brynjolfsson 教授解释说，数据的测量正是显微镜的现代等价物。比如说，Google 的搜索、Facebook 的文章以及 Twitter 的消息，使得在产生行为和情绪时对其进行精细的衡量成为可能。

与传统的论坛、博客相比，社交网络是虚拟世界与现实世界的桥梁，在互联网上将现实生活中人与人之间的关系建立起来。社交网络每天都会产生大量的用户数据，并且具有规模性和群体性，其吸引着无数研究者从无序的数据中发掘

有价值的信息。社交网络数据最有价值的研究工作就是对未来的预测。社交网络每天吸引数亿人在网络上发布自己的数据、状态、心情，这种规模化并具有群体性的海量数据给了数据科学家从海量数据中发现人类未知规律的机会。

美国科学家通过监控Twitter中公众的情绪数据，发现公众的情绪数据与很多社会现象及事件具有很强的相关性。例如，有些研究者发现无论是“希望”的正面情绪，还是“害怕”的负面情绪的体现都预示着美国股市指数的下跌。有研究者认为，只要有公众在社交网络的情绪突然改变，都会反映出对股市的不确定性，因此可以利用这种信号来预测股市未来的走向。

基于语义的预测

在网络时代，每个人都会在互联网上留下痕迹，几何级的数据正在构建出一个新的世界。高明的政客、风投者、互联网大佬，无不动用大数据为自己指明前进方向。

好莱坞大片摄制成本动辄上亿美元，营销成本也水涨船高。而精准投资和精准营销的基础便是大数据，其中主要有年度和各档期的票房和观众人次。而票房含本土票房和海外票房，以及不同类型影片的票房、不同分级影片的票房、不同片种（2D、3D、IMAX）的票房和不同年龄层次观众的票房等。好莱坞各大公司都有专门处理这些数据的人员和软硬件，从海量的信息中获知与自己公司出品影片有关的票房收入及受欢迎程度等，据此确定制作方向。投资人也根据项目影片在类似题材类型上对以往的票房、人次和回报率以及相关电影公司的业绩等做出决定。

延伸阅读

大数据算出来的《纸牌屋》

电视剧《纸牌屋》改编自同名英国政治惊悚小说，讲述的是一个老谋深算的美国国会议员与其野心勃勃的妻子在华盛顿政治圈运作权力的故事。

这部电视剧最特别的地方在于，它不是由电视制片人制作，而是由视频网站 Netflix 投资制作；它不在电视台播放，而只在网络上播放。最有趣的是，这部电视剧的导演和男主角都是利用大数据“算”出来的：Netflix在美国有2 700万订阅用户，这些人每天在Netflix上产生3 000多万个网络点击行为，例如暂停、回放或者快进，并且用户每天还会给出400万个评分，以及300万次搜索请求……根据用户的数据，Netflix选择了鬼才导演大卫・芬奇和男演员凯文・史派西。剧集播出后，一下子Netflix赚得盆满钵满，公司股价也从180美元飙升至440美元！

国内的影视界，也有过类似的故事：2012年11月，大家普遍看好冯小刚的电影新作《1942》时，有个大数据创业团队预测它的票房不会超过4亿元，顿时在网络上掀起了一片质疑。1个月后，电影上映，预测得到了印证：《1942》的票房最终收于3.6亿元左右，仅是制片方目标和业界预测值的一半多。这个准确的预测就来自于大数据技术和社交网络。预测团队采集了国内电影票房的大数据，根据演员、题材内容、档期、首映口碑等因素推导出定量模型，预测时，再结合从社交网络获得的信息，提取出的会影响数值的因素填入公式，进行测算。

五　保护好自己的“大数据”

小故事 斯诺登事件

2013年6月，在美国国家安全局工作4年的爱德华·斯诺登在香港向媒体提供机密文件，曝光了代号为“棱镜”的美国政府多个秘密情报监视计划。曝光的文档显示：美国情报机构一直从包括微软、谷歌、雅虎、Facebook、苹果、YouTube等9个美国互联网公司的服务器中进行数据挖掘工作，从音频、视频、图片、邮件、文档以及连接信息中分析个人的联系方式与行动，而且监视、监听民众电话的通话记录和网络活动。报道刊出后，保护公民隐私的组织对此予以强烈谴责，抗议这些行为严重侵犯了公民基本权利。

随后，美国总统奥巴马做出回应，公开承认了该计划。奥巴马辩称，情报机构的工作是“为了更好地认识世界”，目的在于反恐和保障美国人安全。

斯诺登提供的情报还曝光了：数十年来，美国还一直在监视盟国和敌对国家，包括对盟友领导人的监听，以掌握外交优势和经济优势。这种行为引发了欧盟方面对美国的极大不满，英、法、德等国指责美国对欧盟的监控是“背信行为”，并警告有可能引发“严重政治危机”。

斯诺登公布的证据显示：美国政府入侵中国网络至少有4年时间，美国国家安全局曾入侵中国电信公司以获取手机信息，还持续攻击了多个电信运营商、学校等的系统，获得了有关中国国内所发生的“最好的、最可靠的情报”。

1 大数据的安全隐患

大数据事关国家安全

斯诺登事件暴露出来的情报，向我们的国家安全敲响了警钟。我们国家的计算机基础设施大量采用国外的产品，云计算和物联网的核心技术还掌握在其他国家手中。将来一旦发生国家之间的激烈冲突，各个系统很可能被敌对国家攻击而致瘫痪。例如：2010年11月，伊朗核设施遭受电脑病毒袭击，至少有3万台电脑中招，1/5的离心机瘫痪。后来查出，这是美国和以色列联手实施的机密行动。

斯诺登事件之后，我国政府意识到：继续使用国外的信息技术产品，我们的一切行动都在他人的掌控之中，国家安全将无险可守。因此，加快了信息技术国产化的步伐，在政府、金融、能源等领域强制要求使用国产产品，是保障信息安全的一项措施。

即便是在和平时期，大数据作为国家竞争力的社会资源，必须形成自主的采集、处理、利用手段，才能将主导权牢牢掌控在自己手中。

信息集中带来了风险

今天一分钟时间里，全球发送了 3 600 个图片、278 000

条博文、2.04亿封电子邮件。2013年互联网用户达24亿，Web站点66 500万个，Google的URL超过1万亿，Facebook用户10亿，微信用户3亿，2013年售出42 700万部智能手机。

信息设备充斥了我们生活的每一部分，同时也让恶意入侵者拥有了更多机会。当今网络攻击更具社会性、复杂性和隐蔽性。据统计，2012年中国有超过16 388个Web站点遭篡改；截至2013年底，恶意Android应用程序数量达到100万个；2013年上半年，工业控制系统（ICS）攻击超过200起！

随着云计算的普及应用，大数据将集中存储在云数据中心，这解决了分散管理的安全问题，但是集中管理也带来了更大的安全隐患，例如：2014年Google Play的应用程序被攻击，导致其上的所有应用停摆。

大数据面临的风险，主要体现在如下一些方面：

一是大数据成为网络攻击的显著目标。在网络空间，大数据是更容易被"发现"的大目标。一方面，大数据意味着海量的数据，也意味着更复杂、更敏感的数据，这些数据会吸引更多的潜在攻击者。另一方面，数据的大量汇集，使得黑客成功攻击一次就能获得更多数据，无形中降低了黑客的进攻成本，增加了"收益率"。

二是大数据加大隐私泄露风险。大量数据的汇集不可避免地加大了用户隐私泄露的风险。一方面，数据集中存储增加了泄露风险，而这些数据不被滥用，也成为人身安全的一部分；另一方面，一些敏感数据的所有权和使用权并没有明确界定，很多基于大数据的分析都未考虑到其中涉及的个体隐私问题。

三是大数据威胁现有的存储和安防措施。数据大集中的后果是复杂多样的数据存储在一起，很可能会出现将某些生产数据放在经营数据存储位置的情况，致使企业安全管理不合规。大数据的大小也影响到安全控制措施能否正确运行。安全防护手段的更新升级速度无法跟上数据量非线性增长的步伐，就会暴露大数据安全防护的漏洞。

四是大数据技术成为黑客的攻击手段。在企业用数据挖掘和数据分析等大数据技术获取商业价值的同时，黑客也在利用这些大数据技术向企业发起攻击。黑客会最大限度地收集更多有用信息，比如社交网络、邮件、电子商务、电话和家庭住址等信息，大数据分析使黑客的攻击更加精准。

五是大数据成为高级可持续攻击的载体。传统的检测是

基于单个时间点进行的基于威胁特征的实时匹配检测，而高级可持续攻击（APT）是一个实施过程，无法被实时检测。此外，大数据的价值低密度性，使得安全分析工具很难聚焦在价值点上，黑客可以将攻击隐藏在大数据中，给安全服务提供商的分析制造很大困难。

然而，大数据技术为信息安全提供新支撑。大数据正在为安全分析提供新的可能性，对于海量数据的分析有助于信息安全服务提供商更好地刻画网络异常行为，从而找出数据中的风险点。对实时安全和商务数据结合在一起的数据进行预防性分析，可识别钓鱼攻击，防止诈骗和阻止黑客入侵。利用大数据技术整合计算和处理资源，有助于找到攻击的源头。

城市的安全运行

电影《生死时速 2》展示了一个将来很可能发生的场景：加勒比海上的豪华游船旅行，有一名叫约翰 · 盖格的游客，此人是电脑奇才，是这艘豪华游船的计算机系统设计师。当他被诊断出身患绝症后，电脑公司毫不留情地开除了他。为了报复，盖格拿出所有积蓄买了船票，将炸药和雷管藏在高尔夫球棒中带上了船，而后，控制了整个船的运行……

为了提高智能化程度，目前越来越多的设备连接到网络上，实现自动控制，例如：家里的空调、安防、音响系统，现在已经可以远程开关；谷歌的无人驾驶汽车，2014 年 5 月已经在加利福尼亚州路道行驶了 100 余万千米；飞机除了起飞和降落，完全可以实现自动驾驶……

据调查，2005 年由物联网产生的数据占全世界数据总量的 11%，预计到 2020 年这一数值将增加到 42%。目前

全球可使用无线网络接入互联网的设备约有 100 亿台，而到 2020 年，这一数字将达到 300 亿。在未来物联网世界里，不仅仅是电脑与手机联网，汽车、家居也会有与网络相连的组件；在智慧医疗上，联网的医疗器材可即时收集个人身体健康状况信息；甚至在人的衣服上也会有与网络连接的标签。物联网意味着无处不在的监控。而当物联网设备运行中被恶意攻击或入侵，其中的数据也将被盗取。无论是在网上抑或是在日常生活中，我们所做的绝大部分事情都会被记录并永久保存。如何妥善处理及合理利用这些海量数据是物联网下一步发展的关键。

如果我们生活中的日常家电连接于物联网上，通过云计算处理数据，云计算的安全漏洞如果被黑客利用，随心所欲操控系统的运行，使整个城市的运行系统瘫痪，也将会是非常可怕的事情。审视近年来的数据泄密和系统瘫痪事件，让人不得不怀疑我们的物联网环境是否足够安全，我们使用物联网的时候，能否抵御大规模的侵犯行为。这个问题同时拷问着云计算，信息泄露、系统崩溃所造成的损失，未来将会是一个巨大的天文数字。《生死时速 2》中的场景，在不久的将来，也许真的会成为现实。

2 信息安全体系

打造可靠的安全体系

掌握大数据，可以通过商品交易量预测经济发展趋势，通过社交网络舆情了解民意，通过基因诊断发现病症……所以，大数据成为关系到国计民生的关键资源，被誉为未来世界的“石油”。大数据作为新的资源，在带来历史机遇的同时，也带来更多安全问题。安全问题具有“木桶效应”——就是水总是从木桶最短的一块板处漏出。因此，保障大数据安全，需要建立一个系统的、完整的、有机的信息安全体系，防止某个安全措施的失效造成重大损失。

第一，安全策略方面。构建组织管理、技术产品、运行规范“三位一体”的信息安全服务体系，全生命周期、全方位、多角度地提供系统安全保障措施，消除安全隐患，控制风险行为。

第二，技术层面。从物理安全、网络安全、主机系统、数据安全、服务安全、用户权限等多个层次出发，立足于成熟的安全技术和安全机制，建立起的一个各个部分相互协同的完整的安全技术防范体系，而不是单一依靠监控软件达到数据防泄露的目的。

第三，管理层面。据统计，大多数的信息安全问题是人为因素造成的，因而，在技术防护措施之外，要特别注意健全安全管理制度，提高相关部门的信息安全认识，规范员工的操作行为，降低员工由于工作疏忽造成的风险。

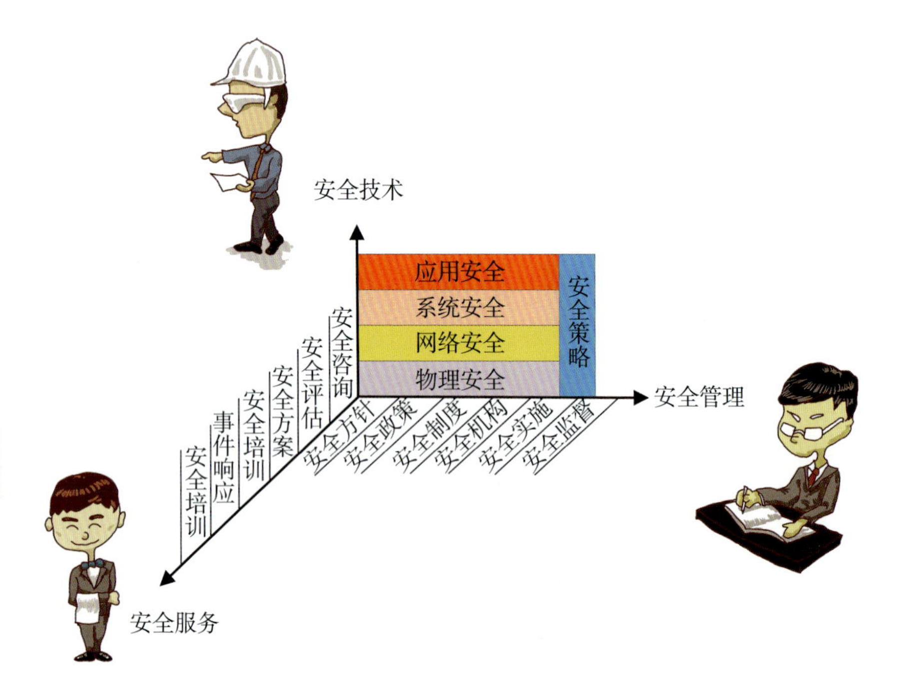

云数据中心可能造成个人信息泄露

云计算大数据时代侵犯个人隐私有以下表现：

- 在数据存储的过程中对个人隐私权造成的侵犯。云服务中用户无法知道数据确切的存放位置，用户对其个人数据的采集、存储、使用、分享无法有效控制；这可能因不同国家的法律规定而造成法律冲突问题，也可能产生数据混同和数据丢失。

●在数据传输的过程中对个人隐私权造成的侵犯。云环境下数据传输将更为开放和多元化，传统物理区域隔离的方法无法有效保证远距离传输的安全性，电磁泄漏和窃听将成为更加突出的安全威胁。

●在数据处理的过程中对个人隐私权造成的侵犯。云服务商可能部署大量的虚拟技术，基础设施的脆弱性和加密措施的失效可能产生新的安全风险。

●在数据销毁的过程中对个人隐私权造成的侵犯。单纯的删除操作不能彻底销毁数据，云服务商可能对数据进行备份，同样可能导致销毁不彻底，而且公权力也会对个人隐私

和个人信息进行侵犯，为满足协助执法的要求，各国法律通常会规定服务商的数据存留期限，并强制要求服务商提供明文的可用数据，但在现实中很少受到收集限制原则的约束。

延伸阅读

携程的住客信息泄露事件

2014年3月22日，有安全检测机构发现：国内著名的在线旅行网站携程，其安全支付日志可以被任意读取。随后，携程公司承认：由于技术开发人员为排查系统疑问而留下临时日志，由于疏忽未及时删除。

信息安全专家指出：敏感信息需加密存储、线上开调试功能需慎重、系统日志要及时清理，这都是常识。而携程这样一个大型企业，只有少数几个信息技术人员在维护系统，缺乏安全操作规范，从而导致犯下低级技术错误。

但是，查看泄露出来的用户信息，大家发现其中包括大量用户的银行卡信息（包含持卡人姓名身份证、银行卡号、卡CVV码等），这些信息是不允许商家保留的——无论谁拿到这些信息，都可以轻松以用户的名义随意消费。

从这个事件中，我们可以看到，保护用

户的信息安全，是一件涉及技术、管理、商业道德等多个层面的复杂问题，再大的机构都有可能因为疏忽而惹出大祸。

3 个人隐私保护

大数据下的个人隐私危机

中国有句古话："墙有耳，伏寇在侧。"告诫人们要瞻前顾后、凡事小心，免得祸从口出、惹是生非。在互联网和社

交网络深入到人们生活中每个角落的今天，大家似乎早就忘记了这告诫。

现在，无孔不入的商业推销已经成了“公害”，每天我们都会收到很多商业电话，卖房、推销保险、代为理财、子女教育等。这些推销人员很清楚你的姓名、职业、家庭住址、子女年龄等信息。很多商家把掌握客户资料当作精准营销的手段，为了比别人多一份成功的机会，不惜采用一些非法手段获取客户的信息。还有一些企业发现了市场上对个人信息的需求，把客户的资料拿出来卖，例如：房地产公司、物业管理公司、医院等置保护客户个人信息的义务于不顾，无视职业道德和商业伦理，将掌握的客户资料贩卖给有需要的商家。因而，卖婴幼产品的很清楚你的子女年龄、卖保险的很清楚你什么时候需要买车险、房产中介很清楚你的住址……这些非法搜集客户信息，然后向客户强行推销产品或广告的行为，已经超越了正常市场营销的界限，是对个人隐私的侵犯，对用户的危害最大。可是，现在还没有相关的法律来制止这样的行为！

非法出售、提供和获取公民个人信息，不仅严重危害国家和公民信息安全，而且极易引发多种犯罪。例如：有一些骗子已经盯上了安全防御意识偏弱的老人，向老人描述家里人的情况，骗取老人的信任，进行财物诈骗。

市场上个人信息的来源大致有两个：一是黑客做一些木马病毒什么的，通过漏洞攻击网站盗取数据库，然后倒卖信息。二是有关单位泄露，例如：房产中介公司、汽车销售公司、医院等掌握客户资料的机构，内部人员将客户信息偷拿出来。从某种意义来讲，与黑客盗取个人信息的违法犯罪行为相比，私自贩卖客户信息的行为更有隐蔽性，对社会道德伦理的颠覆性更强，对社会底线的侵蚀性更大。

在公民隐私保护方面，我国不但有相当多的法律空白有待完善，而且在国家安全和公民隐私哪个更重要等基本伦理问题上还存在很大的争议，导致公民的隐私保护存在天生的缺陷。由于法律的不健全、惩罚力度低、道德意思薄弱等问题，在实际操作中，旅行社、医院、物业公司等机构普遍存在非法保留客户信息、买卖客户信息的现象，很多人每天都要被推销电话骚扰。大量商业机构对公民隐私的赤裸裸的侵犯，却没有受到监管部门的有力惩罚，对社会道德造成了极大的破坏。

延伸阅读

酒店住客信息被泄露

2013年10月12日，国内安全监测机构报告：4 500家酒店多达2 000万条客户开房信息遭泄露，其中不乏如家、七天、速8等连锁酒店。10月15日凌晨，出现了一个可检索酒店住客信息的查询网站，输入姓名后就能得到数据库中所有同名者的个人资料，包括身份证号、电子邮箱、手机号码和（住宿）登记日期等。如果输入的是身份证号，则能定向查到该人士在酒店的开房信息。这使得信息泄露事件进一步升级。

经调查，这些酒店全部或者部分使用了浙江慧达驿站网络有限公司开发的酒店WiFi管理和认证管理系统，住客连接酒店的开放WiFi上网时，需要到慧达驿站的服务器上处理，因而该服务器中也保存了一份酒店客户的信息。由于系统存在信息安全加密等级较低等问题，第三方可利用技术漏洞取得姓名、身份证号、开房日期、房间号等隐私信息。

如何保护个人隐私?

要保护个人隐私，一是在国家的宏观层面，要完善个人隐私保护的法律法规，将个人信息纳入国家战略资源的保护范畴，赋予个人隐私权以高度的法律地位。二是完善保护隐私安全的国家标准规范，特别是在信息行业形成体系化的信息安全和隐私保护的技术。三是推动相关行业制定和行业自律条例，并加强对个人隐私保护的行政监管。四是针对个人进行个人隐私权的宣传培训，并提供必要的技术保护工具和手段。

在执行层面，要特别加强对掌握个人信息的机构的管理，特别是对大量采集个人信息的机构，例如政府部门、电信运营商、互联网公司、房地产公司、银行、保险公司、医院等进行监督和检查，加强对从业人员的培训，增强法律意识，划清个性化服务和公民隐私的界限。对于保管数据的云服务供应商、数据中心，要对数据进行良好的管理，构建可信和安全的数据中心，要把信息安全保护技术和人员管理并重，通过体系化的管理方法加强防御对外部黑客攻击的能力和降低内部操作失误带来的损失，保障大数据资源发挥出应有的效益。

作为用户，要加强对自身隐私的保护意识:

①尽量不要去登录一些不知名的小网站，更不要去点击那些推广窗口，因为这可能就是钓鱼网站。

②只在个人的电脑和网站上输入关键的个人信息，其中最重要的是银行卡密码、电子商务网上的交易账户信息，以及交易记录。

③以苹果产品用户为例，很多用户会将手机拿到专卖店、

维修店等进行升级、下载软件甚至“越狱”，这是一种非常危险的行为，当你将手机交出后，你就没有任何隐私可言，你的所有账号、密码、图片、聊天记录等都可以被复制到任何一部苹果手机上查看和使用。

④我们还要增强法律意识，随着我国互联网法制建设的逐步完善，用户应该在互联网交易等重要环节保留证据，比如说截图、保留交易记录等手段。而国家在互联网隐私方面的法制建设需要跟上，要有法律保障。

1. 访问正规网站
2. 在安全的电脑上输入银行密码等个人信息
3. 提高互联网法律意识

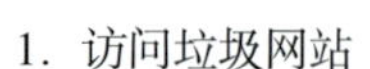

1. 访问垃圾网站
2. 随意泄露个人信息
3. 互联网法律意识薄弱

六　大数据在智慧城市的综合应用

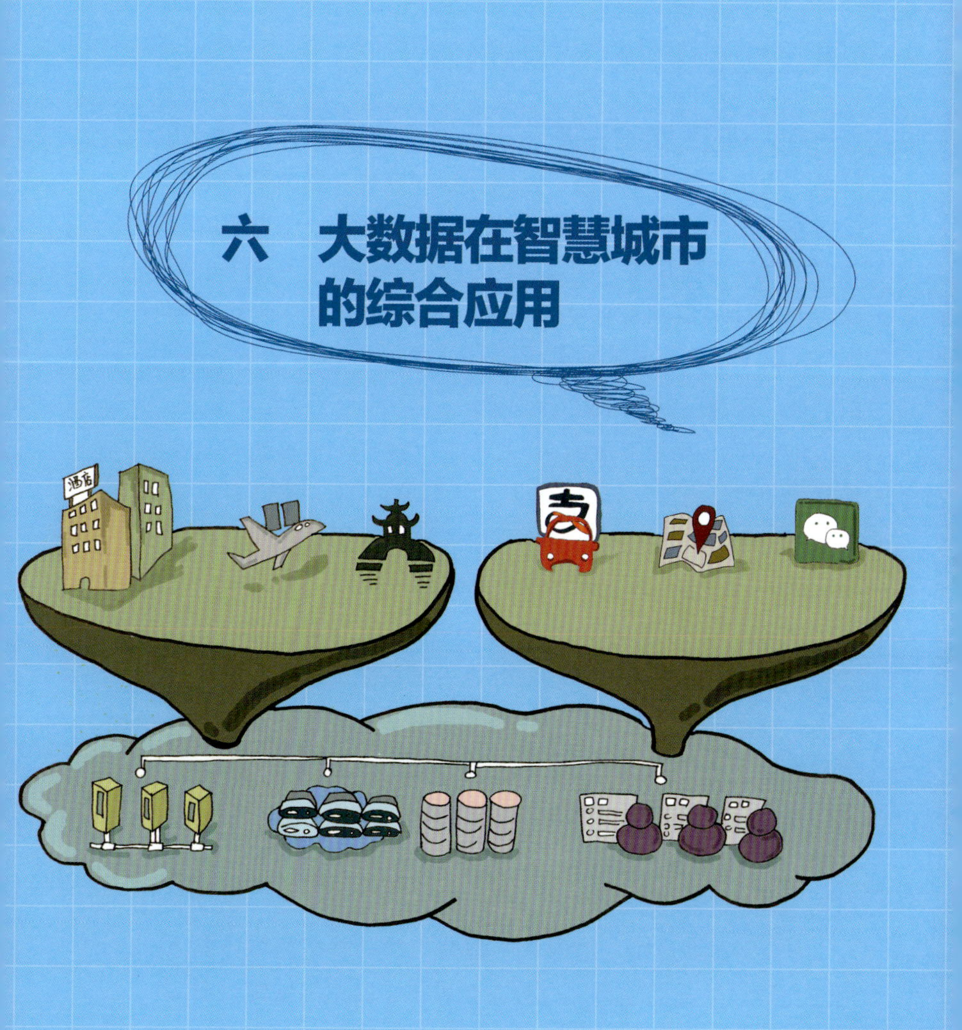

1 什么是智慧城市

智慧城市是城市发展的必然方向

自从美国于 2009 年提出“智慧地球”的概念以来，美国、日本、荷兰、英国、瑞典、韩国和新加坡等发达国家和地区已经发布了建设智慧城市的相关规划和政策，一些城市的智慧城市建设更是风生水起。例如：美国的现代化的城市电网建设、美国的联邦智能交通系统、2009 年 7 月日本推出的“i-Japan（智慧日本）战略 2015”、韩国 u-Korea 发展战略、新加坡“智慧国家 2015”计划等。

中国实施改革开放的 30 多年来，城市化一直处于高速发展的态势，2011 年，城镇人口达到 6.91 亿，城镇化率突破 50% 关口，这是中国社会结构的一个历史性变化，表明中国进入以城市型社会为主体的新的城市时代。预计到 2030 年，中国城市化率更将高达 65%。在经历了高消耗、高排放、高扩张、低效率为特征的粗放外延发展模式的快速扩张阶段之后，我国的城市化进程遇到了世界发达国家曾经和正在经历的发展困境和挑战，包括生态失衡、交通阻塞、环境污染、食品安全、能源危机、城市安全、数字差距等，而且中国所面临的同类问题规模更大、范围更广，这些都时刻考验着政府的治理能力和服务水平。

从 2011 年开始，国内大中型城市纷纷将智慧城市列入信息化建设的重点项目。有数百个城市（区）将智慧城市列入“十二五”规划或制定了行动方案。2013 年，住房和城乡建设部公布了两批 202 个国家智慧城市试点名单，试点城市的公布标志着我国智慧城市发展进入规模推广的阶段。如何利用建设智慧城市超越技术层面，为我国城市的可持续发展提供新方向，成为国家和各个城市都在思考的问题。

2012 年，广州市委市政府提出以经济低碳、城市智慧、社会文明、生态优美、城乡一体、生活幸福为愿景的新型城市化发展道路。“智慧广州”作为推动新型城市化的重要抓手，是广州从区域中心城市向世界城市、从赶超型城市向领先型城市迈进的重要依托和途径。为此，2012 年 9 月 19 日，中共广州市委十届三次全会通过了《关于全面推进新型城市化发展的决定》《关于建设智慧广州的实施意见》等政策文件，成为广州走新型城市化道路的新灯塔。

智慧城市中的生活

智慧城市就是有意识地、主动地运用先进的信息和通信技术，将人、商业、运输、通信、水和能源等城市运行中的各个核心系统加以整合，从而使整个城市以一种更加智慧的方式运行。智慧城市建设可以改变我们的生存环境，改变人与物之间、物与物之间的联系方式，也必将深刻地影响人们的生活、娱乐、工作、社交等几乎一切行为方式。

早晨起床，手机里的系统告诉我们身体健康状况、建议的运动量、今天的日程安排、哪个朋友的生日快到了等信息。

当外出的时候，交通导航系统告诉我们到达目的地的路途交通情况，告诉我们走哪条路最顺利。

上班的时候，智能系统为我们提供详细的分析数据，帮助我们做出正确的判断；视频会议系统让世界各地的用户面对面地交流。

下班买菜，用手机扫一扫，就知道买的肉食、蔬菜的生产基地和流通的链条，食品溯源机制让我们能够买得放心，吃得安心。

走在路上，城市视频监控系统随时注视着公共区域的治安状况，预防发生安全事件；当发生治安事件时，可以快速部署警力对犯罪分子进行堵截；平安应急系统让我们生活在平安祥和的城市环境中。

回到家中，空调、安全防护等系统已经提前启动，电饭煲也开始提前煮饭，智能家居系统让我们的家庭生活更加舒适、便捷。

当我们在网上购物的时候，有“小助手”告诉我们选中的产品在哪家网店最便宜，向我们推荐可能感兴趣的商品。

生病的时候，在家里就可以预约挂号，门诊系统按照经验值建议我们到医院的时间，省得排队；医生身边的智能诊

疗系统汇集了全世界的案例，帮助医生更准确地判断病情；在家中，我们的身体状况信息可以通过网络上传到医院的监护系统，省得我们去医院复诊；智慧医疗系统使得我们的身心健康得到及时有效护理。

 大数据是城市“智慧”的基础

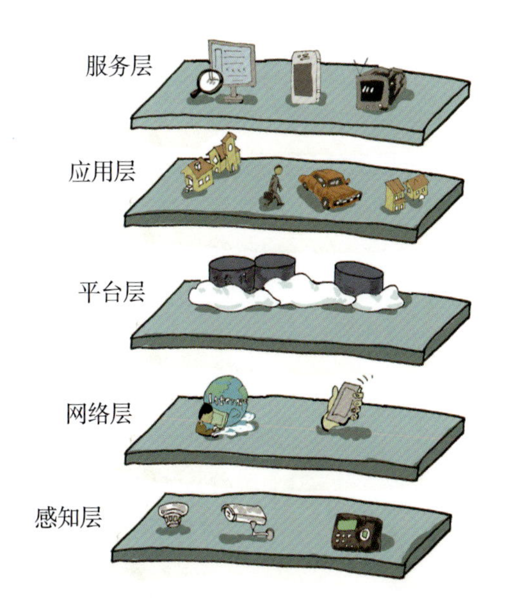

智慧城市是以互联互通、整合、协同、创新发展为主要特征的城市发展新模式。智慧城市的建设将带来数据量的爆发式增长，而大数据就像血液一样遍布智慧交通、智慧医疗、智慧生活等智慧城市建设的各个方面。智慧城市的“智慧”就来源于大数据：通过全面采集城市运行过程中的各类信息资源，获知城市的运行体征数据，进而深入发现城市运转的内在规律，预判城市发展的趋势，帮助城市中的各个参与者做出科学的决策，使得城市的产业布局、政府的决策与服务、企业机构的生产经营、人们的生活，都提升到精细化、实时化、智能化的水平。

如果将智慧城市比喻为人，将组成智慧城市感知功能的传感器比作人的五官，将连接传感器的网络比作神经，将控

制和存储信息的云技术比作中枢，那么大数据就是智慧城市的大脑。智慧城市是否真正“智慧”源自大数据，大数据可以挖掘海量数据的潜在价值，并为城市治理提供可靠决策和建议，使得从人们衣、食、住、行的生活方式到政府决策与服务，从城市的产业布局和规划，到城市的运营和管理方式，都提升到人类前所未有的水平，整个城市的运行从经验管理转向科学治理。

大数据在智慧城市中的作用体现在以下几个方面：

①全面的感知。遍布城市各个角落的传感器，实时监测城市的各个对象的运行状态，包括楼宇、桥梁、道路、消防设施、空气质量、水质等，形成整个城市的运行体征。

②全维度的信息。来自各个行业领域的不同数据汇集在一起，从不同的侧面反映了事务的面貌，形成对相关事务的全面认知。

③深入的分析。基于大数据汇聚的信息资源，通过数据

挖掘、数据分析、可视化等技术手段，发现事务背后的客观规律，形成业务领域知识。

④优化业务。基于历史数据和业务模型，对事务的发展趋势进行预测和预警，全面优化采购、生产、营销、服务等环节的业务，降低生产成本，提升运行效率，实现精细化管理。

⑤促进创新应用。汇集业务领域知识，将复杂的搜索和计算工作交给计算机运行，利用人工智能辅助专业人员进行分析判断。

⑥让市民和企业随时随地获知信息。以用户为中心整合信息，实时向各类用户提供所需要的信息。

大数据之上的智慧城市

虽然近两年智慧城市频频出现在各个城市的宣传口号中，但是，智慧城市毕竟还处于起步阶段，它是一个持续的改进过程，支撑智慧城市的物联网、云计算、大数据等技术目前还在蓬勃发展的过程中，智慧城市广阔而美好的前景，还有待于我们这一代人去努力实现。

下面，我们将针对目前城市中存在的问题，来描绘利用大数据技术带来的智慧城市的明天。

智慧交通和旅游

随着汽车保有量的增加，我国的各主要城市都面临着交通拥堵的难题，为了治理交通问题，一些城市采取了限制上牌、限号出行等措施，甚至打算出台收取拥堵费。但是香港、东京等城市的人口密度比国内城市都高，但是交通拥堵问题并没有国内城市严重，是否有更好的办法来治理交通呢？

每年的大小长假，国内的各个旅游景区都人满为患，游客都抱怨：看人山、排长队、想找气。能否让大家的旅行生活愉快一些呢？

小故事 国庆长假的出游助手

每年国庆节，大家都抱怨长假出行的种种不便的时候，老张一家却总是能玩得尽兴而归。为什么呢？原来老张有一个数据助手来帮忙。

在出行前，老张就利用数据分析工具进行查找，大数据分析工具可以将历史上每个时段、各景区，甚至每个景点的人流数据直观地展现出来，帮助用户判断和选择。老张发现：新疆旅游景区的人流密度比东部地区要低很多。这也很符合常理：那里地广人稀，交通不易到达，景区面积也比较大，平均下来的人数当然最低。

根据历年的数据，电脑绘制出了路途上每个时刻的车流情况，并推荐了最佳的开车出门的最佳时间，按照推荐的时间，一路上都可以在车流出现拥塞现象之前到达景区。在导航的指引下，老张很快到达了下榻的酒店。走进酒店大堂，服务员很热情地叫出了老张的名字，原来，门口的感应系统检测到了老张手机的信号，与系统中登记的住客信息匹配，马上通知服务员预定的客人到达了。

放下行李，老张一家迫不及待地出发去景区游览。为了避开人潮，老张用手机连上了景区的导游系统，系统根据老张的位置和景区人流分布情况，推荐了当前行走的最佳路线。

由于计划周密，老张一家愉快地结束了游玩活动。

老张一家的旅游，大数据技术在里面起了不少作用：

①数据开放。交通和旅游景区的历史数据，让大家能够分析客流的情况，选择合理的目的地。

②实时数据采集和汇集。通过道路上的采集系统和交通预测模型，可以实时预测交通状况，与导航系统相结合，帮助驾驶员准确掌握前方的交通信息；并且根据实时路况，提供最佳的行驶路线。

③传感信息的采集。感知用户的位置，与后台的云服务相结合，向用户传递服务信息。

④个性化导游。根据用户的爱好、实时位置，结合景区的人流分布情况，提供个性化的路线。

暴雨下的城市应急措施

每逢下暴雨，总会有若干城市被淹，这里面固然有基础设施的问题，也有处理不及时、措施不到位的问题。

对此市民深切的感受是：交通严重混乱，不了解该乘坐哪种交通工具，无法预知要等待多久，不知道前方会不会因积水而无法通行。

小故事　暴雨下的城市应急联动体系

为了应对城市各个部门分散管理的问题，某市成立了城市运行管理中心，管理中心的作用是通过利用云计算平台和大数据中心，汇接各个单位的信息资源，建立起城市级的信息共享和业务协同体系，协调指挥各部门的业务活动，实现对事件的分级响应和快速分发。

早晨起来，小李发现外面还在下雨，手机里面的信息告诉他：今天预计有暴雨，并且预告了城区的雨量和暴雨高峰期。他知道，今天将会是非常忙碌的一天，因为他是城市运行管理中心的一名协调员。

到达城市运行管理中心，小李发现各相关单位的协调指挥员都已经到达，市领导也将亲临中心协调组织。中心大屏幕上不断变化，显示着各个区域的降雨量情况、可能发生问题的地点和报警信息。

小李负责监测某某区积水的状况，突然，一个红点跳了出来：某某街可能会出现水浸！小李马上点击某某街的视频，果然已经出现积水的现象，结合天气预报的预测，预计该区域的积水将超过警戒线。于是，小李马上向中心领导要求在某某街派出流动抽水小组，加快排水的速度。20分钟后，小李在视频上看到应急的抽水小组已经在现场工作了。

随着雨势越来越大，各地都出现了积水的现象，已经超出了流动抽水小组所能应对的极限，各地请求支援的电话已经应接不暇。于是，管理中心将事态升级到严重级别，启动了相应的应急预案。

下班高峰期，市民们都已经通过各种渠道了解到各个交通路线的运转状况、站点人流堆积情况和回家预计的时间。

暴雨过去，忙碌了一整天的管理中心渐渐平静下来，小李还在忙着将数据和新发现的情况记录下来，明天还要进行总结。这些东西将会记录到应急知识库，有助于下次暴雨时采取更有效的措施。

在城市应急指挥过程中，大数据技术在里面起了不少作用：

①应急预案。在历史数据和经验的基础上，形成了应急预案，有助于各部门统一协调行动。

②数据采集。实时将天气、传感器、视频监控等各类信息汇集到城市运行管理中心，便于工作人员进行综合判断。

③数据预测。汇集了下雨时城市排水情况的历史数据，利用大数据技术结合天气预报预测暴雨对城市各区域的影响。

④数据共享。在城市运行管理中心，在各部门之间共享数据，便于统一指挥和协同工作，形成正确的决策，例如：在交通联动方面，就能起来相互衔接的作用。

⑤知识库。总结形成了应对各类问题的措施，有助于工作人员有条不紊地开展工作。

⑥优化。政府部门根据历次应急事件的数据，调整下水管道、交通等布局，为将来的规划提供参考依据。

产业转型升级

企业生产，主要是依据以往的经验值或者商场的订单，决定生产数量。食品加工企业往往靠添加防腐剂来保障食品能长时间销售，超过保质期的产品只能扔掉。

小故事 大数据助产业升级

红星是一家生产鲜榨果汁的企业，针对人们对食品添加剂的担心，他们推出了一种无防腐剂保质期只有两周的鲜榨果汁，很受市场欢迎。这么短的保质期，对生产数量、运输时间、销售方式等环节都提出了挑战。

红星的鲜榨果汁的卖点在于无添加剂，由于保质期短，对生产—销售的周期提出了很高的要求。面对竞争激烈的市场，他们采用大数据技术来帮忙：

新鲜水果的保质期很短，要保证货源的按时按量供应，需要与上游的水果供应商及时交换数据，以满足未来对原料的需求。

红星与几个主要的销售渠道都建立了数据交换关系，能够实时掌握销售数据，根据市场的动态，决定不同品种的果汁的生产量，降低库存。

要节省运输环节的时间，就必须实现按单生产，配合小批量供应、多频次配送、点对点送达等措施，在生产完毕后 2 天内到达货架。

超市是红星的主要销售渠道，超市将每个时段、每个区域的原始销售数据向红星公开，借助于这些数据，红星可以研究客户购买的习惯、购买地点甚至类型，决定该在哪些地区推出哪种促销策略。

为了更深入地了解客户，红星委托调查公司在社交网络上采集网民的评论，以便及时获知顾客的真实感受、偏好、价格感受和竞争对手的差异；它还通过在微信上答题发放优惠券的方式，搜集用户的年龄、收入、职业等分布情况，为市场营销部门提供最直接的情报。

大数据技术贯穿了产品的整个生命周期，改变了传统的生产方式：

①数据贯穿了产品的全生命周期，而且各阶段的数据连接在一起，大幅提高了生产的准确性。

②直接从销售终端获取数据，第一时间传递到生产环节，极大地压缩了生产的响应时间。

③通过对市场数据的预测，实现了精细化生产，有效降低了生产成本。

④广泛采集顾客的信息，根据顾客的反馈，调整产品结构和营销策略；获取顾客的信息，知道客户的组成结构，制定产品销售策略。

智慧的生活

去医院看病，每个环节都要排队：挂号、候诊、交费、取药，实际看病时间也就 10 分钟，但是等待的时间要花去数个小时。

小故事　就诊不用再排队

小宇是个五年级学生，因为阑尾炎手术在家休息。今天需要去医院复诊。

小宇的妈妈在网上挂号，系统提醒她按照预约排队的情况，建议他们在 10：20 到医院。小宇的妈妈开车送小宇 10：20 到达医院，刚好轮到他们就诊。

医生检查完之后，将自己的诊断输入电脑，由于小宇发育得比较快，身高已经接近成人了，电脑按照小宇的诊疗数据和身体数值给出了用药剂量。医生还建议给小宇一个远程监护仪器，这样在家就可以实时将检测结果发送到医院，不需要到医院来检查。

医生开好了诊疗费单和药费单，小宇的妈妈用手机扫描了一下，点击确认付款，马上就完成了支付，等他们走到取药处时，刚好轮到他们取药。

回到家，小宇打开 iPad，学习了今天学校的课程。

通过小宇的就诊经历，我们可以看到大数据技术起到的作用：

①根据历史数据，预测候诊时间。由于候诊的人数减少了，医院里面清净了很多。

②医疗数据中心保存了大量病人的诊疗记录，可以帮助医生更准确地判断病因和制定诊疗方案。

③根据病人的体征数据，精确用药。

④医疗机构采集到了大量的病人信息，便于掌握区域医疗的整体情况，预测流行性疾病的趋势。

3 大数据面临的挑战

从前面的描述中，我们都已经知道：大数据不仅仅局限在技术范畴，而是关系到社会、管理、产业等多个层面的复杂问题，特别是在中国，有太多的问题亟待解决。这里主要针对中国智慧城市建设过程中的大数据应用问题，谈谈大数据面临的挑战。

大数据技术有待发展成熟

根据 IDC 的预测，大数据将以指数方式增长，到 2020 年，全球需要管理的数据量将达到 35ZB。如何解决庞大的数据量的存储空间、索引方式、快速查询以及调用速度等问题，是存储领域正在努力攻克的难关。例如：视频数据基本上都是按照地点和时间顺序来存储的，如果要检索某个历史时间段内的某辆车的视频，由于打破了索引的结构，搜索的效率会非常低。

云计算与大数据结合，是未来数据中心的发展方向，云计算架构的弹性扩展、按需服务、高可靠性等为大数据处理提供了很好的环境，但是在数据传输、访问速度、安全等方面，还未能满足海量数据处理的需要。特别是大规模部署服务器的可靠性、可用性、访问效率等方面都存在亟待解决的问题。

大数据来源于各个领域，突破了传统的信息安全区域的界限，对信息安全体系的建设提出了新的挑战。以分布在城市的各个角落的传感器为例，为保障运行效率，这些设施的安全措施都比较简单，这相当于一个城市的“神经末梢”，其都近乎裸露在外，是非常脆弱的。

大数据技术正处于起步阶段，针对结构化数据形成的数据挖掘、数据汇聚、检索等技术都必须做根本性的变革，以适应非结构化数据的处理要求，这里有很多技术问题有待解决。

另外，大数据与云计算的结合，对应用系统的建设、部署、服务和运营都将产生重大的影响，主要特征是以往纵向的软件开发模式将转向以云计算为中心的服务化模式，各个软件开发商都面临着变革的压力。

数据质量情况堪忧

我们国家经过 20 多年的信息化建设，东部沿海城市具有较好的信息化基础设施，很多机构都建立了信息系统，但是在西部欠发达的省份，很多设想还停留在纸面上。而且就总体层面而言，我国的信息化建设普遍存在着“重硬件、轻软件”的现象，大部分数据还是按照传统数据库的方式保存和处理的。虽然我国拥有世界最多的人口和手机用户数量，但是据 2011 年麦肯锡公司的研究和统计，中国年新增的数据量只有欧洲的 1/8、1/14。数据保存意识不足、数据基础薄弱，以及采集数据的手段落后，是我国大数据建设中的首个问题。

更加严重的问题是，很多部门为了政绩需要，扭曲了原始数据，致使数据不能反映真实的情况，例如：执法机关为了保证考核指标，限制立案数量；基层统计数据往往经过“加工”之后，才层层上报，中央的统计数据和地方的汇总数据出现很大差异；城镇失业数据，只有去街道登记的人才被计入，与国际标准完全不一致……虚假数据，是我国大数据建设中的第二个问题。

在数据采集方面，也存在较多问题，例如：有关学者质疑国家统计部门给出的基尼系数，认为采集对象不具代表性；许多城市的 PM 2.5 采集地点放在公园、山区等人流稀疏地；互联网上的“水军”言论严重干扰真实的舆论……原始数据不准确，如何能保证大数据得出正确的结论？数据采集、处理和统计方法不正确，是我国大数据建设中的第三个问题。

我国的信息化建设，受制于制度问题，各个行业领域独自展开信息化建设，都形成了自己的一套数据系统，很多省市的系统也是各自独立建设，甚至市、区两级都用不同的系统，这样导致将数据汇集到一起的时候，不同部门甚至同一个部门不同系统的数据都不一致。为了解决数据共享问题，很多城市建立了数据中心，但是不少部门以种种理由拒绝将数据贡献出来，导致信息资源的价值难以充分发挥出来。信息系统多头建设、数据资源不共享是我国大数据建设中的第四个问题。

 数据开放面临重重阻力

目前，我国的政府部门是拥有最多社会管理和公共生活数据的机构。信息作为公共资源，免费提供给公民使用，将带动整个社会效益的提高，就像 GPS 免费使用的效果，推动了全球每年上千亿的产业发展壮大。但是我们在现实中经常看到，很多部门以不属于公开的范围、国家秘密等为由，拒绝信息公开。就连申请公开招投标过程的全部信息、涉案干部的工资收入等信息也不能公开，更不要说政府的费用支出、全国土壤污染数据等敏感数据。大家都知道：如果公开官员的收入、政府部门的三公经费使用情况，无疑是有效的监督贪污受贿、抵制铺张浪费的方法。但是，我国很多政府机构仍然保持信息的不透明状态，以小部门的利益牺牲整个社会的发展机遇。距离社会公共资源免费开放的理想状态，我们还有很长的路要走。

其实，美国的信息公开也是经历了漫长的过程，从 1965 年通过《信息公开法》开始，经过几十年的反复斗争，才逐步完善起来。特别是奥巴马政府 2009 年签署《透明和开放政府备忘录》，使得开放程度达到了一个新的高度，各级政

府部门和机构纷纷将数据提供到 data.gov 这个美国联盟政府统一的数据开放门户网站，并衍生出来大量的应用软件。英国等西方发达国家、新加坡等国家也发布了自己的数据开放平台。美国信息公开的路途中形成的几个重要观点，对于我国推进信息公开具有很强的借鉴作用：

- 信息公开是原则，不公开是例外。
- 人人拥有平等获取信息的权利。
- 由政府而非申请人对拒绝提供信息承担举证责任。
- 用纳税人的钱收集的数据该免费提供给纳税人使用。
- 政府部门没有信息收集许可号，人们可以拒绝填报。

……

我国率先应用大数据的是互联网企业，例如：百度绘制的春节迁徙图，让民众第一次直观地了解到中国“春运”的流动方式。实际上，铁道部、民航局、交通局很早就掌握了这些数据，为什么就一直没有发布出来，反而是不掌握原始数据的互联网企业做了这件事呢？最关键的是服务理念的问题，我们看到很多部门都建设了决策支持系统，但是统计数据只是为了给领导看得方便，没有考虑如何将花费了巨大财力的数据发挥出更大效益。而互联网公司就是为公众服务的，因而能够在与公众的交互中不断改进，提供出贴近公众生活需求的服务。

数据公开提供了一个用最低的传输成本让最多人获益的手段，很多基于数据开放平台的应用，都是将跨领域的数据整合在一起，发现了以往不易察觉的内容，提出了创新型的应用，例如用手机支付进入医院，大大节省了排队付款的时间。有些部门对信息公开设置了层层障碍，使得社会成本大大增加。

数据公开是历史潮流，中国要走向服务型政府，就必须实现信息的公开透明，将权力置于公众的监督之下，数据开放的呼声或将倒逼政府的改革。

社会管理重视度不够

在思想意识方面，我国从古至今一直缺乏“以数据说话”的科学管理的思想，以致在大数据到来的时候，才发现很多数据没有积累起来。